W0261100

This series aims to report new developments in mathematical economics and operations research and teaching quickly, informally and at a high level. The type of material considered for publication includes:

1. Preliminary drafts of original papers and monographs
2. Lectures on a new field, or presenting a new angle on a classical field
3. Seminar work-outs
4. Reports of meetings

Texts which are out of print but still in demand may also be considered if they fall within these categories.

The timeliness of a manuscript is more important than its form, which may be unfinished or tentative. Thus, in some instances, proofs may be merely outlined and results presented which have been or will later be published elsewhere.

Publication of *Lecture Notes* is intended as a service to the international mathematical community, in that a commercial publisher, Springer-Verlag, can offer a wider distribution to documents which would otherwise have a restricted readership. Once published and copyrighted, they can be documented in the scientific literature.

Manuscripts

Manuscripts are reproduced by a photographic process; they must therefore be typed with extreme care. Symbols not on the typewriter should be inserted by hand in indelible black ink. Corrections to the typescript should be made by sticking the amended text over the old one, or by obliterating errors with white correcting fluid. Should the text, or any part of it, have to be retyped, the author will be reimbursed upon publication of the volume. Authors receive 75 free copies.

The typescript is reduced slightly in size during reproduction; best results will not be obtained unless the text on any one page is kept within the overall limit of 18 x 26.5 cm (7 x 10 ½ inches). The publishers will be pleased to supply on request special stationery with the typing area outlined.

Manuscripts in English, German or French should be sent to Prof. Dr. M. Beckmann, Department of Economics, Brown University, Providence, Rhode Island 02912/USA or Prof. Dr. H. P. Künzi, Institut für Operations Research und elektronische Datenverarbeitung der Universität Zürich, Sumatrastraße 30, 8006 Zürich.

Die *„Lecture Notes"* sollen rasch und informell, aber auf hohem Niveau, über neue Entwicklungen der mathematischen Ökonometrie und Unternehmensforschung berichten, wobei insbesondere auch Berichte und Darstellungen der für die praktische Anwendung interessanten Methoden erwünscht sind. Zur Veröffentlichung kommen:

1. Vorläufige Fassungen von Originalarbeiten und Monographien.
2. Spezielle Vorlesungen über ein neues Gebiet oder ein klassisches Gebiet in neuer Betrachtungsweise.
3. Seminarausarbeitungen.
4. Vorträge von Tagungen.

Ferner kommen auch ältere vergriffene spezielle Vorlesungen, Seminare und Berichte in Frage, wenn nach ihnen eine anhaltende Nachfrage besteht.

Die Beiträge dürfen im Interesse einer größeren Aktualität durchaus den Charakter des Unfertigen und Vorläufigen haben. Sie brauchen Beweise unter Umständen nur zu skizzieren und dürfen auch Ergebnisse enthalten, die in ähnlicher Form schon erschienen sind oder später erscheinen sollen.

Die Herausgabe der *„Lecture Notes"* Serie durch den Springer-Verlag stellt eine Dienstleistung an die mathematischen Institute dar, indem der Springer-Verlag für ausreichende Lagerhaltung sorgt und einen großen internationalen Kreis von Interessenten erfassen kann. Durch Anzeigen in Fachzeitschriften, Aufnahme in Kataloge und durch Anmeldung zum Copyright sowie durch die Versendung von Besprechungsexemplaren wird eine lückenlose Dokumentation in den wissenschaftlichen Bibliotheken ermöglicht.

Lecture Notes in Operations Research and Mathematical Systems
Economics, Computer Science, Information and Control
Edited by M. Beckmann, Providence and H. P. Künzi, Zürich

31

M. Kühlmeyer
Betriebsforschungsinstitut des Vereins
Deutscher Eisenhüttenleute, Düsseldorf

Die nichtzentrale t-Verteilung

Grundlagen und Anwendungen mit Beispielen

Springer-Verlag
Berlin · Heidelberg · New York 1970

Meinen Eltern

ISBN-13: 978-3-540-04954-8 e-ISBN-13: 978-3-642-48219-9
DOI: 10.1007/ 978-3-642-48219-9

Title No. 3780

Vorbemerkung

Bei statistischen Auswertungen sind in der Regel weder die Mittelwerte noch die Streuungen von normalverteilten Grundgesamtheiten bekannt und müssen deshalb aus Stichproben geschätzt werden. Dabei verlangen die klassischen Methoden der Schätz- und Prüfverfahren - wie sie in den meisten Lehrbüchern der Mathematischen Statistik zu finden sind - in gewissen Anwendungsfällen häufig einen zu hohen Stichprobenaufwand im Verhältnis zur Aussagegenauigkeit.

In diesem Buch, das aus den Bedürfnissen der Praxis heraus entstanden ist, wird eine Reihe wichtiger und häufig auftretender Probleme aufgezeigt, die sich mit der nichtzentralen t-Verteilung - übrigens einer echten Verallgemeinerung der Student'schen t-Verteilung - zweckmäßig und vor allem mathematisch richtig behandeln lassen. Stichworte für die häufigsten Anwendungen sind aus dem Inhaltsverzeichnis zu entnehmen.

Daß die nichtzentrale t-Verteilung und die daraus ableitbaren Techniken in der Industrie- und Laborpraxis heute trotz ihrer augenscheinlichen Vorzüge noch verhältnismäßig wenig Anwendung finden und man sich mit Behelfsmethoden aushilft, mag wohl daran liegen, daß die wesentlichen Arbeiten darüber in für den Praktiker schlecht erreichbaren Fachzeitschriften schlummern. Dem abzuhelfen, soll die vorliegende Veröffentlichung dienen.

Um diese Arbeit für den Statistiker in der Industrie und für den Hochschulstudenten möglichst leicht verwertbar zu machen, wurde nach jedem Anwendungsfall - soweit es sinnvoll erschien - eine kurze Formelzusammenfassung angefügt. Voll durchgerechnete Beispiele sollen helfen, das Verständnis zu vertiefen und die Anwendung zu erleichtern.

Die Tafeln und Diagramme im Anhang sind ebenfalls so berechnet bzw. ausgewählt, daß die vorliegende Arbeit für sich allein gut verwendet werden kann, ohne für die Anwendung ein ausgedehntes Literaturstudium zu verlangen.

Inhaltsverzeichnis

I Einführung und Abriß der klassischen Schätztheorie der Normalverteilung

I.1 Mittelwert und Streuung

Eine Normalverteilung mit Mittelwert μ und Standardabweichung σ (bzw. Streuung = Varianz = σ^2) wollen wir mit $N(\mu,\sigma^2)$ bezeichnen. Die Dichte dieser Verteilung hat die Form

$$\varphi(x|\mu,\sigma^2) = \frac{1}{\sigma\sqrt{2\pi}} \exp\left(-\frac{(x-\mu)^2}{2\sigma^2}\right) \quad \text{mit} \quad (\sigma > 0) \tag{I.1}$$

und die Wahrscheinlichkeit, daß eine zufällige Variable X, die nach $N(\mu,\sigma^2)$ verteilt ist, kleiner als ξ ist, wird durch

$$W(X \leq \xi) = \int_{-\infty}^{\xi} \varphi(x|\mu,\sigma^2)\,dx = \frac{1}{\sigma\sqrt{2\pi}} \int_{-\infty}^{\xi} \exp\left(-\frac{(x-\mu)^2}{2\sigma^2}\right) dx \tag{I.2}$$

gegeben. Damit ist die Normalverteilung $N(\mu,\sigma^2)$ an sich charakterisiert.

In der Praxis weiß bzw. postuliert man meist, daß eine zufällige Variable normalverteilt sei und bestimmt aufgrund einer Stichprobe einen Schätzwert für Mittelwert und Streuung dieser Normalverteilung. Seien die Werte

$$x_1, \ldots, x_N$$

die Meßwerte (= Realisierungen der zufälligen normalverteilten Variablen X) der betrachteten Stichprobe, dann ist das arithmetische Mittel

$$\bar{x} = \frac{1}{N} \sum_{i=1}^{N} x_i \tag{I.3}$$

ein Schätzwert für den Mittelwert (Erwartungswert) μ und

$$s = \sqrt{\frac{1}{N-1} \sum_i (x_i - \bar{x})^2} \tag{I.4}$$

ein Schätzwert für die Standardabweichung σ der Verteilung $N(\mu,\sigma^2)$.

Praktische Aufgaben erfordern meist Rückschlüsse von der Stichprobe auf die Grundgesamtheit, aus der die Stichprobe stammt, also von den Meßwerten $x_1, \ldots, x_N$ auf $N(\mu,\sigma^2)$. Solche Rückschlüsse können nun von der Art sein, daß man gewisse Vermutungen (Hypothesen) über die Verteilung $N(\mu,\sigma^2)$ auf ihre Richtigkeit testet oder Vertrauensintervalle für Fraktile bestimmt, wobei wir hier das Fraktil oder die Sicherheitsgrenze ξ zu einer bestimmten Wahrscheinlichkeit p durch

$$(I.5) \qquad p = \int_{-\infty}^{\xi} \varphi(x|\mu,\sigma^2)\, dx$$

definiert wird. Der Mittelwert μ ist damit ein spezielles Fraktil, nämlich das 50 %-Fraktil, da

$$(I.6) \qquad \int_{-\infty}^{\mu} \varphi(x|\mu,\sigma^2)\, dx = 0,5$$

ist.

Hat man die Stichprobe x_i, $i=1,\ldots N$ und daraus Mittelwert $\bar{x}$ und Standardabweichung s berechnet, so ist $\bar{x}$ eine Schätzung des Mittelwerts (Erwartungswertes) μ der Grundgesamtheit und man kann ein Intervall angeben, in dem μ mit einer gewissen Aussagesicherheit α liegt. Dieses Intervall heißt Vertrauensintervall oder Mutungsintervall für μ zur Aussagesicherheit α . Man kann es bekanntlich leicht in der Form

$$(I.7) \qquad \bar{x} - t(N-1,\ 1-\alpha) \cdot \frac{s}{\sqrt{N}} < \mu < \bar{x} + t(N-1,\ 1-\alpha)\,\frac{s}{\sqrt{N}}$$

schreiben. Dabei sind die Faktoren $t(N-1,\ 1-\alpha)$ die Integralgrenzen der bekannten Student'schen t-Verteilung mit dem Freiheitsgrad $f = N-1$ und der beidseitigen Irrtumwahrscheinlichkeit α .

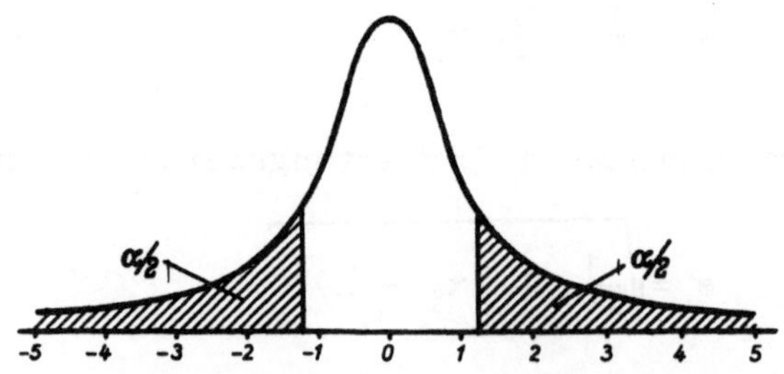

Bild 1 t-Verteilung für $f = 1$

Der wirkliche Mittelwert μ der Grundgesamtheit liegt mit der Wahrscheinlichkeit $1-\alpha$ in dem Intervall, das durch (I.7) gegeben wird. Die linke bzw. rechte Ungleichung von (I.7) gilt dann für die einseitige Irrtumswahrscheinlichkeit $\alpha/2$, da die t-Verteilung symmetrisch ist. <u>Tafel 1</u> liefert für verschiedene Stichprobengrößen und Aussagesicherheiten $1-\alpha$ die Faktoren $t(N-1,\ 1-\alpha)/\sqrt{N}$. Man braucht also für die Berechnung der Genauigkeit des Mittelwerts nur diese Tafel zu benutzen, ohne Tabellen der t-Verteilung aufsuchen und umständlich rechnen zu müssen.

Auf die Standardabweichung σ kann man von der Standardabweichung s der Stichprobe schließen. Mit Hilfe der Pearson'schen χ^2-Verteilung kann man das Mutungsintervall für σ angeben:

$$s \cdot \sqrt{\frac{N-1}{\chi^2(N-1,\ 1-\beta)}} < \sigma < s \cdot \sqrt{\frac{N-1}{\chi^2(N-1,\ \beta)}} \qquad \text{(I.8)}$$

wobei $\chi^2(N-1,\ \beta)$ dasjenige Fraktil, unterhalb dessen der Anteil β einer χ^2-Verteilung mit $f=N-1$ Freiheitsgraden liegt. $\chi^2(N-1,\ 1-\beta)$ ist analog definiert.

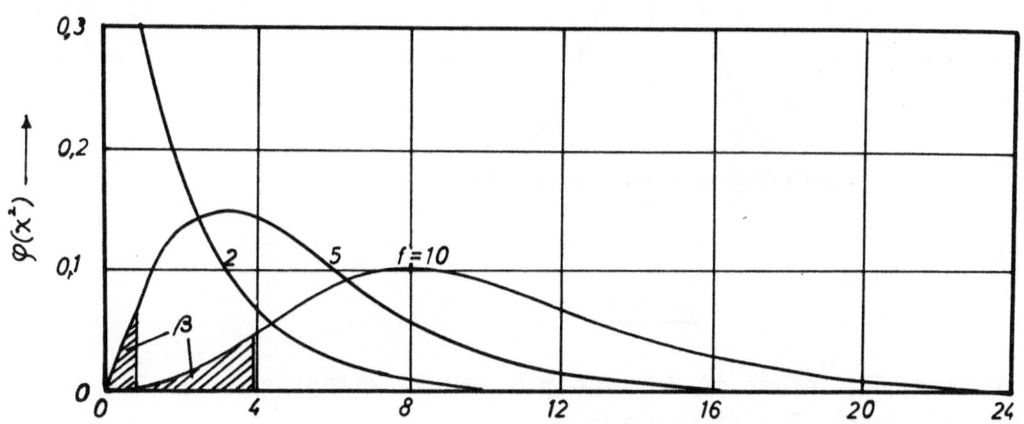

<u>Bild 2</u>: χ^2-Verteilung

In dem Mutungsintervall (I.8) liegt σ mit der Wahrscheinlichkeit $1 - 2\beta$. Die linke bzw. rechte Ungleichung gilt mit der Wahrscheinlichkeit $1-\beta$.

<u>Tafel 2</u> zeigt die Faktoren, mit denen s multipliziert werden muß, um die Vertrauensgrenzen für σ zu erhalten.

Weiterhin kann man natürlich auch die t- bzw. die χ^2-Verteilung verwenden, um z.B. zu testen, ob ein Mittelwert $\overline{x}$ statistisch von einem vorgegebenen Wert μ verschieden ist, bzw., ob s und ein Wert σ statistisch übereinstimmen können oder nicht.

I.2 Fraktile der Normalverteilung

Wir werden im weiteren Verlauf unserer Überlegungen noch öfter auf die Fraktile der Normalverteilung zu sprechen kommen. Aus diesem Grund seien hier einige Beispiele eingeführt.
Wie aus Bild 3 ersichtlich, kann man den Abstand $\xi-\mu$ durch ein Vielfaches von σ ausdrücken, nämlich

$$\xi - \mu = K_p \cdot \sigma \tag{I.9}$$

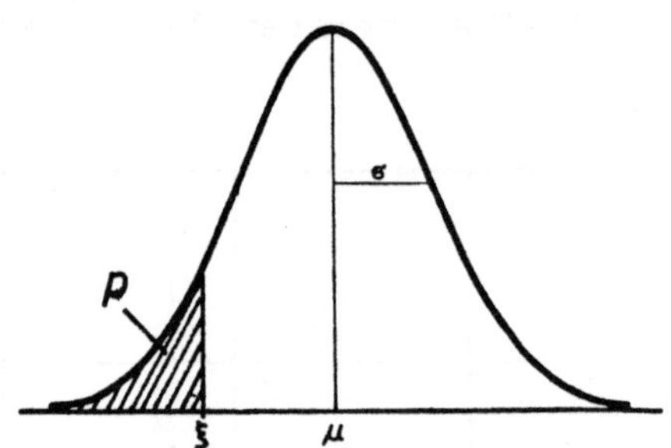

Bild 3

Diese Zahlen K_p haben in der Theorie der Normalverteilung eine grundlegende Bedeutung. Es ist nämlich

$$\int_{0}^{\mu+K_p\sigma} \varphi(x|\mu,\sigma^2) = p \tag{I.10}$$

unabhängig von σ. Es liegt also links von Fraktil $\mu+K_p\sigma$ der Anteil p der Normalverteilung $N(\mu,\sigma^2)$.
Nun ist $K_p = \frac{\xi-\mu}{\sigma}$ nach $N(0,1)$ verteilt und man erhält K_p aus Tafeln der Normalverteilung $N(0,1)$ für einen bestimmten p-Wert und

umgekehrt. Z.B. ist für $K_p = -1,96$ der Anteil links von K_p bei $N(0,1)$-Verteilung $p = 0,025$.

I.3 Ein häufig vorkommender Fall, der mit Hilfe der χ^2- und t-Verteilung nicht mehr gut zu lösen ist.

Ein Produkt, z.B. eine Lieferung von Stabstahl sei auf seine Maßhaltigkeit im Hinblick auf seinen Durchmesser D zu prüfen. Der Mindestdurchmesser sei D_m. Es ist somit der (Ausschuß-)Anteil p der als Grundgesamtheit betrachteten Lieferung aufgrund einer Stichprobe abzuschätzen.

Setzt man wie gewöhnlich voraus, daß die Durchmesser im vorgelegten Los normalverteilt nach $N(\mu,\sigma^2)$ seien, dann ist der Ausschußanteil p des Loses gerade der Bruchteil der Gesamtheit, der Durchmesser $D < D_m$ aufweist, wobei

$$K'_p = \frac{\mu - D_m}{\sigma} \qquad \text{(I.11)}$$

den zu K'_p gehörigen Ausschußanteil p liefert. ($K'_p = -K_p$)

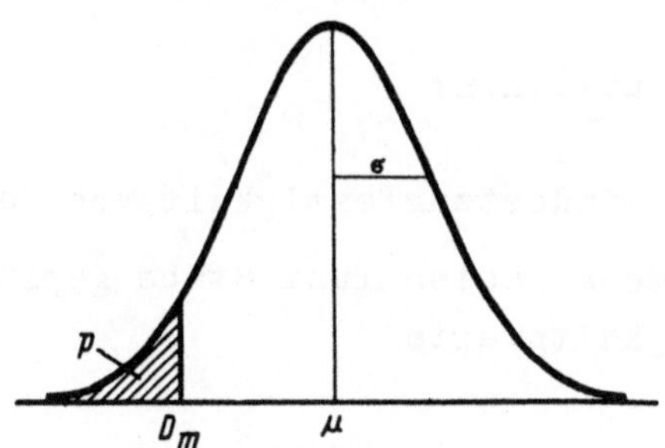

Bild 4

Da jedoch μ in der Regel nicht bekannt ist, sondern durch $\bar{x}$ aus einer Stichprobe geschätzt werden muß, muß man praktisch in (I.11) das Mutungsintervall gemäß (I.7) für μ einsetzen und man erhält von (I.7) aus der rechten Ungleichung

$$(I.12) \qquad K_p' = \frac{\bar{x} + t(N-1,\ 1-\alpha) \cdot \frac{s}{\sqrt{N}} - D_m}{\sigma}$$

das zu groß ist, also zu kleinen Ausschußanteil p angibt, denn je größer der Betrag von K_p' ist, umso geringeren Ausschußanteil p erhält man. Dagegen erhält man aus der linken Ungleichung von (I.7)

$$(I.13) \qquad K_p' = \frac{\bar{x} - t(N-1,\ 1-\alpha) \cdot \frac{s}{\sqrt{N}} - D_m}{\sigma}$$

was einen zu großen Ausschußprozentsatz p anzeigt.
Leider geht auch die unbekannte Standardabweichung σ ein, wofür durch (I.8) Abschätzungen gegeben sind. Setzt man die kleinere Vertrauensgrenze (linke Ungleichung) in (I.12) ein, so erhält man ein noch größeres K_p', also einen viel zu kleinen Ausschußanteil. Setzt man die rechte Ungleichung von (I.8) in (I.13) ein, so wird der Ausschußanteil wesentlich überschätzt. Außerdem wird die Aussagesicherheit durch $(1-\alpha) \cdot (1-2\beta)$ geschätzt, also geringer als $1-\alpha$ oder $1-2\beta$. Man hilft sich zwar oftmals so, daß man in (I.12), (I.13) σ durch s ersetzt, kann dann aber keine Aussagesicherheit mehr angeben.

Ein BEISPIEL mag das verdeutlichen:

Es sei ein Stahl St37 mit Mindestzugfestigkeit von $\sigma_{Bmin} = 37$ kg/mm^2 vorgelegt. Aus der Gesamtmenge seien fünf Stäbe geprüft worden und es ergaben sich die Zugfestigkeitswerte

$$\sigma_{B1} = 39{,}1 \text{ kg/mm}^2$$
$$\sigma_{B2} = 40{,}6 \text{ kg/mm}^2$$
$$\sigma_{B3} = 41{,}4 \text{ kg/mm}^2$$
$$\sigma_{B4} = 42{,}4 \text{ kg/mm}^2$$
$$\sigma_{B5} = 46{,}1 \text{ kg/mm}^2$$

Daraus errechnen sich Mittelwert und Streuung zu

$$\bar{x} = 41{,}92$$
$$s = 4{,}11$$

Für die Mutungsintervalle von μ und σ ergibt sich bei einseitiger Sicherheit von 95 % :

$$\bar{x} - 0{,}953\ s < \mu < \bar{x} + 0{,}953\ s$$

bzw.

und $$0{,}649\ s < \sigma < 2{,}372\ s$$

Daraus errechnen sich die Werte

$$K'_{p1} = 2{,}50, \quad K'_{p2} = 0{,}324 ,$$

was einem Ausschuß zwischen 0,75 % und 37 % entspricht, bei einer Aussagesicherheit von rund 90 %. Bei größeren Aussagesicherheiten werden die Grenzen noch weiter.
Wenn man dann noch von Mindestwerten als von Garantiewerten spricht, wird den Kunden nur interessieren, daß ihm weniger als 37 % Ausschuß in der Lieferung garantiert werden kann - eine unannehmbare Garantie - obwohl alle Meßwerte der Stichprobe weit über dem garantierten Mindestwert lagen.

Man sieht, daß ein solcher Weg nur dann zur Abnahme führt, wenn man entweder

a) wesentlich bessere Qualität liefert, als bestellt und bezahlt wird oder

b) viele Prüfungen macht, um den Ausschußanteil genauer schätzen zu können.

Nimmt man nicht diese pessimistische Schätzung, sondern ersetzt z.B. σ durch s , so kann man keine vernünftigen Schranken für die Aussagesicherheit mehr angeben.

Besser als all diese Behelfsverfahren ist es, gleich das richtige Instrument zu verwenden: Die nichtzentrale t-Verteilung.

II Die nichtzentrale t-Verteilung

II.1 Definition der nichtzentralen t-Verteilung

Wir wollen die zufälligen Variablen in der Regel mit großen Buchstaben, ihre Realisationen (Meßwerte) mit den zugehörigen kleinen Buchstaben bezeichnen.

Es sei X eine zufällige Variable mit Normalverteilung $N(0,1)$. Weiter sei Y eine von X stochastisch unabhängige zufällige Variable mit einer χ^2-Verteilung von f Freiheitsgraden. δ sei eine konstante reelle Zahl.
Dann heißt die zufällige Variable

$$T(f,\delta) = \frac{X + \delta}{\sqrt{Y/f}} \tag{II.1}$$

nach der nichtzentralen t-Verteilung verteilt. δ heißt auch Nichtzentralitätsparameter.

II.2 Zusammenhang zwischen zentraler (= Student'scher) und nichtzentraler t-Verteilung

Die gewöhnliche t-Verteilung, die man auch zentrale oder Student'sche t-Verteilung nennt, wird durch

$$T_f = T(f,0) = \frac{X}{\sqrt{Y/f}} \tag{II.2}$$

(vgl. z.B. Kendall-Stuart Band 1, Seite 382) definiert, wobei die zufälligen Variablen X, Y wie unter (II.1) angegeben sind.
So ist

$$t = \frac{\bar{x} - \mu}{s} \cdot \sqrt{N}$$

nach der zentralen t-Verteilung mit $N-1$ Freiheitsgraden verteilt, wie man sich leicht überlegt. Dagegen gehorcht bereits die Testgröße

$$t' = \frac{\bar{x} - x_0}{s} \sqrt{N}, \quad x_0 \neq \mu, \quad x_0 \in R, \quad x_0 = \text{const.} \tag{II.3}$$

der nichtzentralen t-Verteilung $T(N-1, x_0)$ mit $f = N-1$ Freiheits-

graden und dem Nichtzentralitätsparameter x_0. Die nichtzentrale t-Verteilung geht für $x_0 = \mu$ in die zentrale über. Damit wird auch klar, woher die Bezeichnung "nichtzentrale t-Verteilung" kommt. Die normalverteilte Variable X wird sozusagen von ihrem Zentrum (μ) um einen Betrag $|x_0 - \mu|$ verschoben.
Die nichtzentrale t-Verteilung ist eine echte Verallgemeinerung der Student'schen t-Verteilung. Es ist damit auch nicht verwunderlich, daß sie Aufgaben zu lösen erlaubt, bei denen die klassische Student'sche versagen muß.
Es soll hier noch nicht auf die mathematischen Eigenschaften der nichtzentralen t-Verteilung eingegangen werden, doch sei hier ihre Dichte

$$\varphi(t) = \frac{1}{2^{\frac{1}{2}(f-1)}\,\Gamma(\frac{1}{2}f)\sqrt{\pi}} \cdot \exp\left(-\frac{1}{2}\frac{f\delta^2}{f+t^2}\right) \cdot \tag{II.4}$$

$$\cdot \left(\frac{f}{f+t^2}\right)^{\frac{1}{2}(f+1)} \cdot \int_0^\infty v^f \exp\left\{-\frac{1}{2}\left(v - \frac{t\delta}{(f+t^2)}\right)^2\right\} dv$$

angegeben.
R.A. Fisher gab 1931 die Dichte der nichtzentralen t-Verteilung erstmals an und zwar in einer ähnlichen Form wie hier. In der zitierten Arbeit wurde jedoch eine andere Symbolik gebraucht.

Hieraus oder schon aus der Definitionsgleichung (II.1) erkennt man, daß diese Verteilung vom Freiheitsgrad f und dem Nichtzentralitätsparameter δ abhängt, so daß man für die Dichte eigentlich

$$\varphi(t) = \varphi(t|f,\delta) \tag{II.5}$$

schreiben müßte.
Für die Wahrscheinlichkeit γ, daß eine nach der nichtzentralen t-Verteilung verteilte Variable T kleiner als ein vorgegebener Wert t_0 ist, ergibt sich

$$\gamma = W(T \le t_0) = \int_{-\infty}^{t_0} \varphi(t|f,\delta)\, dt \tag{II.6}$$

Oft muß jedoch dieser Wert $t_0 = t_0(f,\delta,\gamma)$ in Abhängigkeit von

f,δ,γ erst gefunden werden. Eine vollständige Tabelle dieser Integralgrenzen $t_o(f,\delta,\gamma)$ muß damit 3 Eingänge haben. Manchmal wird auch $\delta = \delta(f,t_o,\gamma)$ in Abhängigkeit von f,t_o,γ gesucht. Wir schreiben also:

a) $T = T(f,\delta)$ für die nach der nichtzentralen t-Verteilung verteilte Variable. Wir lassen die Bezeichnung von Freiheitsgrad und Nichtzentralitätsparameter fort, wenn über sie kein Zweifel besteht und schreiben dann einfach T.

Desgleichen schreiben wir

b) $t_o = t_o(f,\delta,\gamma)$ für die Integralgrenzen und

c) $\delta = \delta(f,t_o,\gamma)$ für die Nichtzentralitätsparameter.

Wenn keine Irrtümer entstehen, kann man einige der Angaben t_o,f,δ,γ weglassen.
Die Wahrscheinlichkeit in (II.6) wäre ausführlich geschrieben:

$$\gamma = W\{T(f,\delta) \leq t_o(f,\delta,\gamma)\} =$$

$$= W\{T \leq t_o | f,\delta\} \quad .$$

<u>Bemerkung 1:</u> Es gilt natürlich

$$W(T \leq t_o|f,\delta) = 1 - W(T > t_o|f,\delta) = 1 - \gamma \tag{II.7}$$

<u>Bemerkung 2:</u> Es gilt

$$W(T \leq t_o|f,\delta) = 1 - W(T \leq -t_o|f,-\delta) \quad . \tag{II.8}$$

Der Beweis dieser letzteren Beziehung wird hier zurückgestellt und im nächsten Kapitel skizziert.

Um sich eine Vorstellung von den Integralgrenzen $t_o = t_o(f,\delta,\gamma)$ zu machen, wurden im linken Teil von Diagramm 1 die Kurven für $t_o = t_o(f,\delta)$ mit $\gamma = 0{,}95$ in Abhängigkeit von δ aufgetragen. Der rechte Teil desselben Diagrammes dagegen zeigt den Unterschied zwischen den Integralgrenzen $t_o(f,\gamma)$ der Student-Verteilung und $t_o(f,\delta,\gamma)$:

$$t_o(f,\gamma) - t_o(f,\delta,\gamma)$$

bei $\gamma = 0{,}95$.

Man sieht, welch beträchtlichen Fehler man machen kann, wenn man die nichtzentrale t-Verteilung durch die Student'sche ersetzt, was oft gemacht wird.
In rein heuristischer Betrachtungsweise und gewissermaßen als Zusammenfassung der Überlegungen über den Unterschied zwischen der (zentralen) Student'schen t-Verteilung und der nichtzentralen t-Verteilung kann man sagen:

Ein Anwendungsfall für die nichtzentrale t-Verteilung liegt zumindest immer dann vor, wenn es sich darum handelt, aus einer normalverteilten Stichprobe auf (einseitige) Fraktilenwerte oder die zugehörigen Wahrscheinlichkeiten der Grundgesamtheit zu schließen. In Umgangssprache ausgedrückt heißt das, daß man ausgehend von $\bar{x}$ und s der Stichprobe mit einer gewissen Aussagesicherheit auf den Fraktilenwert $\xi_{p\%}$ schließen kann, unterhalb (oder oberhalb) dessen p % (oder (100-p)%) der Grundgesamtheit liegen, bzw., daß man von $\bar{x}$, s ausgehend den Prozentsatz p % berechnet der in der Grundgesamtheit unterhalb eines gegebenen (Meß-)Wertes $\xi_{p\%}$ liegt. (Analoges gilt für Prozentanteile, die oberhalb eines (Meß-)Wertes $\xi_{p\%}$ liegen.)

Ein Spezialfall ist die Student-Verteilung, die es gestattet, Aussagen über den Mittelwert $\mu = \xi_{50\%}$, also das 50 %-Fraktil zu machen. Hier ist also p = 50 % festgelegt.
Daß es auch noch andere Anwendungsfälle für die nichtzentrale t-Verteilung gibt, wird sich noch im Laufe der Lektüre dieses Büchleins zeigen.

III Mathematische Eigenschaften der nichtzentralen t-Verteilung

Hier sollen nur ganz kurz einige wesentliche mathematische Eigenschaften der nichtzentralen t-Verteilung geschildert werden.
Vom eiligen Leser, der hauptsächlich an den Anwendungen interessiert ist, kann dieses Kapitel bei der ersten Lektüre überschlagen werden.

Es sei wie in II unter (II.1) die nach der nichtzentralen t-Verteilung verteilte Zufallsvariable

$$T(f,\delta) = \frac{X+\delta}{\sqrt{Y/f}}$$

definiert.

Man kann nun die Verteilungsfunktion, also die kumulierte Verteilung, die die Wahrscheinlichkeit dafür angibt, daß $T(f,\delta) < t_o$ für eine feste Integralgrenze t_o ist, dadurch errechnen, daß man $\varphi(t) = \varphi(t|f,\delta)$ von Formel (II.4) von $t = -\infty$ bis $t = t_o$ integriert, also

$$\text{(III.1)} \qquad W\{T(f,\delta) < t_o\} = \int_{-\infty}^{t_o} \varphi(t|f,\delta)\, dt$$

bildet.
Ähnlich wie R.A. Fisher kann man jedoch auch von der gemeinsamen Verteilung einer nach $N(0,1)$ verteilten Zufallsvariablen X und einer nach χ^2 verteilten Variablen Y mit f Freiheitsgraden ausgehen, die sich zu

$$\text{(III.2)} \qquad \frac{1}{\sqrt{2\pi}} \exp(-x^2/2) \cdot \frac{1}{\Gamma(f/2)\, 2^{f/2}} \cdot y^{(f-2)/2} \cdot \exp(-y/2)$$

errechnet.

$$T = \frac{X+\delta}{\sqrt{Y/f}}$$

ist nach der nichtzentralen t-Verteilung verteilt. Daraus kann X eliminiert werden:

$$X = (T \cdot \sqrt{Y/f} - \delta)$$

Setzt man noch zur Vereinfachung $\sqrt{Y} = V$, so kann in (III.2) eine Variablentransformation durchgeführt werden, indem man $x = (t \cdot v/\sqrt{f} - \delta)$, $v = \sqrt{y}$ einsetzt. Integriert man nach v von 0 bis ∞ , so erhält man die Dichte von $T = T(f,\delta)$ und integriert man dann nach t von $-\infty$ bis t_o , so erhält man die Verteilungsfunktion

(III.3) $W\{T(f,\delta) \leq t_o\} =$

$$= \frac{1}{\Gamma(f/2) \cdot 2^{(f-2)/2} \cdot \sqrt{2\pi}} \int_0^\infty \{v^{f-1} \cdot \exp(-\tfrac{v^2}{2}) \cdot \int_{-\infty}^{\frac{t_o \cdot v}{\sqrt{f}} - \delta} \exp(-\tfrac{x^2}{2}) dx\} \, dv$$

Bezeichnet man mit $G(x)$ sei die kumulierte Normalverteilung

$$\text{(III.4)} \quad G(x) = \frac{1}{\sqrt{2\pi}} \int_{-\infty}^{x} \exp(-x^2/2) \, dx = : \int_{-\infty}^{x} \varphi\,(x|0,1)) \, dx \quad ,$$

dann erhält man aus (III.3) durch fortgesetzte partielle Integration für die Dichtefunktion (= kumulierte Verteilung) die Form

$$\text{(III.5)} \quad W\{T(f,\delta) \leq t_o\} = G(-\delta\sqrt{B}) + 2\,\tau(\delta\sqrt{B},A) + 2(M_1+M_3+\ldots+M_{f-2})$$

für ungerade Werte von f und

$$\text{(III.6)} \quad W\{T(f,\delta) \leq t_o\} = G(-\delta) + \sqrt{2\pi}\,[M_o + M_2 + \ldots + M_{f-2}]$$

für gerade Werte von f , wobei gilt:

$$\text{(III.7)} \qquad A = t_o/\sqrt{f}, \quad B = f/(f + t_o^2) \quad ,$$

$$(\text{III.8}) \quad \tau(h,a) = \frac{1}{\sqrt{2\pi}} \int_0^a \exp\left[-\frac{h^2}{2}(1+x^2)\right] \cdot [1+x^2]^{-1} \, dx$$

und

$$(\text{III.9}) \quad \begin{aligned} M_{-1} &= 0 \\ M_o &= A\sqrt{B} \cdot \varphi(\delta\sqrt{B}|0,1) \cdot (\delta\sqrt{B})\, G(\delta A\sqrt{B}) \quad {}^{*)} \\ M_1 &= B\left[\delta AM_o + \frac{A}{\sqrt{2\pi}} G'(\delta)\right] \\ M_2 &= \frac{1}{2} B\,[\delta AM_1 + M_o] \\ M_3 &= \frac{1}{2} B\,[\delta AM_2 + M_1] \\ M_4 &= \frac{3}{4} B\,[\delta AM_3 + M_2] \\ &\cdot \quad \cdot \quad \cdot \\ &\cdot \quad \cdot \quad \cdot \\ M_k &= \frac{k-1}{k} B\,[a_k\, \delta AM_{k-1} + M_{k-2}] \end{aligned}$$

wobei

$$(\text{III.10}) \quad a_k = \frac{1}{(k-2)a_{k-1}} \quad \text{für } k \geq 3 \text{ und } a_2 = 1 .$$

Durch Einsetzen verifiziert man die Bemerkung 2 von II, nämlich

$$(\text{III.11}) \quad W\{T(f,\delta) \leq t_o\} = 1 - W\{T(f,-\delta) \leq -t_o\}$$

Ebenso erhält man durch Einsetzen von $t_o = 0$:

$$(\text{III.12}) \quad W(T(f,\delta) \leq 0) = G(-\delta) = \frac{1}{\sqrt{2\pi}} \int_{-\infty}^{-\delta} \exp(-x^2/2)\, dx$$

Für $f = 1$, $t_o = 1$ und $G(\delta/\sqrt{2}) = p$ folgt

---

*) $\varphi(\delta\sqrt{B}|0,1) = \frac{1}{\sqrt{2\pi}} \exp[-(\delta\sqrt{B})^2/2]$, (vgl. (I.1)

(III.13) $$W\{T(1,\delta) \leq 1\} = 1 - p^2$$

Bemerkt man, daß $\tau\ (0,A) = (\arctan A)/(2\pi)$ ist und daß in diesem Fall die M_1 und M_j (i gerade, j ungerade) unabhängig voneinander gerechnet werden können, so ergibt sich eine sehr nützliche Berechnung für die Student'schen t-Verteilungs-Integralgrenzen. Sei die Student'sche Zufallsvariable $T(f,0)$ mit $T(f)$ bezeichnet, so ergibt sich die Rekursionsformel:

(III.14) $$W(T(f) \leq t_o) = 1/2 + (\arctan A)/\pi + [(AB)/\pi] \cdot \sum_{i=o}^{0,5f-1,5} b_i B^i$$

für ungerade Werte von f und

(III.15) $$W(T \leq t_o) = 1/2 + \frac{A\sqrt{B}}{2} \cdot \sum_{j=o}^{0,5f-1} c_j B^i \quad \text{für gerade } f \ .$$

Dabei ist

(III.16) $$b_o = c_o = 1; \quad b_i = \frac{2i}{2i+1} \cdot b_{i-1}; \quad c_j = \frac{2j-1}{2j} c_{j-1}$$

gesetzt worden.

Die Momente der nichtzentralen t-Verteilung wurden von Hogben, Pinkham und Wilk und anderen angegeben. Das 1. Moment μ ist der Erwartungswert, das 2. Moment die Varianz (wie üblich). Die ersten 4 zentralen Momente haben die Form

(III.17)
$$\begin{aligned}
\mu &= c_{11}\,\delta \\
\mu_2 &= c_{22}\,\delta^2 + c_{20} \\
\mu_3 &= c_{33}\,\delta^3 + c_{31}\,\delta \\
\mu_4 &= c_{44}\,\delta^4 + c_{42}\,\delta^2 + c_{40}
\end{aligned}$$

wobei

$$c_{11} = \frac{\sqrt{\frac{f}{2}}\,\Gamma\,(\frac{f-1}{2})}{\Gamma\,(\frac{f}{2})}$$

$$c_{22} = \frac{f}{f-2} - c_{11}^2$$

$$c_{20} = \frac{f}{f-2}$$

$$c_{33} = c_{11}\,[\frac{f(7-2f)}{(f-2)(f-3)} + 2c_{11}^2]$$

(III.18)

$$c_{31} = \frac{3f}{(f-2)(f-3)}\,c_{11}$$

$$c_{44} = \frac{f^2}{(f-2)(f-4)} - \frac{2f(5-f)c_{11}^2}{(f-2)(f-3)} - 3c_{11}^4$$

$$c_{42} = \frac{6f}{(f-2)}\,[\frac{f}{f-4} - \frac{(f-1)c_{11}^2}{f-3}]$$

$$c_{40} = \frac{3f^2}{(f-2)(f-4)}$$

gilt.

IV Der Variationskoeffizient einer Stichprobe

Manchmal ist die Streuung einer Stichprobe allein gar nicht so besonders interessant, sondern vielmehr im Zusammenhang mit dem Mittelwert. Ein einfaches Beispiel aus der Praxis mag das zeigen. Bei der über einen einstellbaren Thermostaten geregelten Ölfeuerung eines Ölofens wäre es sinnlos, für jede einstellbare Temperatur des Ofenraumes, für den ein mittlerer Ölverbrauch in Liter Brennstoff pro Minute nötig ist, zu verlangen, daß die Standardabweichung des Brennstoffverbrauchs fest, sagen wir $\sigma = 1{,}5$ l/min sein müßte. Es ist kaum wesentlich, ob die Standardabweichung bei 150 l Brennstoffverbrauch pro Minute nur 1,5 l/min ist oder etwas größer. Wenn der Brenner jedoch auf Sparflamme läuft und nur 3 l pro Minute verbraucht, ist die Standardabweichung wesentlich zu groß, denn dann fällt die Feuerung durchschnittlich alle 40 Minuten aus. Bei einem Mittelwert von 3 l/min und einer Standardabweichung von 1,5 l/min ist die Wahrscheinlichkeit für "negativ Brennstoffverbäuche" V_- (Verlöschen der Flamme) gerade

$$W(V_- < \mu - 2\sigma) = W(V_- < 3 - 2 \cdot 1{,}5) = W(V_- < 0) \approx 0{,}025 \ .$$

Also ist die durchschnittliche Zahl der Ausfälle 2,5 %, also 2,5 mal in 100 Minuten oder alle 40 Minuten.
Hier und in vielen anderen Fällen der praktischen Statistik ist die Standardabweichung als Genauigkeitsmaß günstigerweise durch den sogenannten Variationskoeffizienten zu ersetzen.

Es sei X eine nach $N(\mu,\sigma^2)$ verteilte zufällige Variable. Dann heißt $V = \frac{\sigma}{\mu}$ der Variationskoeffizient von X. Der Variationskoeffizient ist gleich der Standardabweichung, wenn der Mittelwert gleich 1 ist.
Mit anderen Worten:
Der Variationskoeffizient ist ein Streuungsmaß mit dem Mittelwert als Einheit.
Ähnlich wie für die Zufallsvariable X kann auch für ihre Realisierungen ein Variationskoeffizient eingeführt werden.

$v = \frac{s}{\bar{x}}$ ist eine Schätzung von V und heißt der Variationskoeffizient der Stichprobe $x_1,\ldots,x_N$. Wir setzen voraus, daß die Stichprobe positive Werte habe - was in der Praxis oft erfüllt ist, wenn der Variationskoeffizient als Streuungsmaß betrachtet wird, denn für $\bar{x} \to 0$ würde $v \to \infty$ divergieren, sofern eine von Null verschiedene

Standardabweichung s gegeben ist. Das analoge gilt für $V = \frac{\sigma}{\mu}$.
Es sei also die Wahrscheinlichkeit

$$(IV.1) \quad W(X < 0) = \frac{1}{\sqrt{2\pi}\,\sigma} \int_{-\infty}^{0} \exp\left[-\frac{(x-\mu)^2}{2\sigma^2}\right] dx \ll 1$$

vernachlässigbar klein.
Wie man leicht nachprüft, gilt folgende Identität:

$$(IV.2) \qquad \frac{\sqrt{N}}{v} = \frac{\sqrt{N}\cdot\bar{x}}{s} = \frac{\frac{\sqrt{N}(\bar{x}-\mu)}{\sigma} + \frac{\sqrt{N}\,\mu}{\sigma}}{\frac{s}{\sigma}}$$

In der Tat ist

$$(IV.3) \qquad \begin{aligned} &\frac{\sqrt{N}\,(\bar{x}-\mu)}{\sigma} + \frac{\sqrt{N}\cdot\mu}{\sigma} \cdot \frac{s}{\sigma}^{-1} = \\ &= \frac{(\bar{x}\sqrt{N} - \mu\sqrt{N} + \mu\sqrt{N})\cdot\sigma}{\sigma\cdot s} = \frac{\bar{x}\sqrt{N}}{s} \end{aligned}$$

Da σ,μ konstant sind, ist $X' = \frac{\sqrt{N}}{\sigma}\cdot(\bar{x}-\mu)$ nach $N(0,1)$ verteilt. (Denn die Verteilung von $\bar{x}$ und damit auch von $(\bar{x}-\mu)$ hat eine Varianz von $(\sigma')^2 = \frac{\sigma^2}{N}$. Somit ist

$$\frac{\bar{x}-\mu}{\sigma'} = \frac{(\bar{x}-\mu)}{\sigma/\sqrt{N}} = \frac{(\bar{x}-\mu)\sqrt{N}}{\sigma}$$

standardisiert und nach $N(0,1)$ verteilt.)
$Y = (N-1)\frac{s^2}{\sigma^2}$ ist χ^2-verteilt mit $f = N-1$ Freiheitsgraden. Damit ist s/σ eine zufällige Variable, die wie $\sqrt{Y/f}$ in Gleichung (II.1) verteilt ist.
$\frac{\sqrt{N}}{v}$ ist damit nach einer nichtzentralen t-Verteilung mit $\delta = \sqrt{N}\cdot\mu/\sigma$ und $f = N-1$ verteilt.

IV.1) Es soll geprüft werden, ob $V \le V_0$ ist, wobei V_0 vorgegeben sei und V durch $v = s/\bar{x}$ geschätzt wurde.

Die Nullhypothese H_o mit $V \leq V_o$ wird gegen die Einshypothese H_1 mit $V > V_o$ getestet, wobei H_o zugunsten von H_1 abgelehnt wird, wenn $v > v_o$ ist, wozu v_o bestimmt werden muß.
Es wird v_o so gewählt, daß

$$(IV.4) \qquad W(v > v_o \mid V \leq V_o) = W\left(\frac{\sqrt{N}}{v} < \frac{\sqrt{N}}{v_o} \mid V \leq V_o\right) = \varepsilon .$$

ε ist eine vorgegebene Irrtumswahrscheinlichkeit. Da $\sqrt{N}/v$ nach $T(N-1, \sqrt{N}/V)$ verteilt ist, ist v_o durch

$$(IV.5) \qquad \frac{\sqrt{N}}{v_o} = t_o(N-1, \sqrt{N}/V_o, \varepsilon)$$

bestimmt.
H_o wird also abgelehnt, wenn

$$(IV.6) \qquad v = \frac{s}{\bar{x}} > v_o = \frac{\sqrt{N}}{t_o(N-1, \sqrt{N}/V_o, \varepsilon)}$$

ist.

IV.2) Manchmal stellt sich die Frage, wie klein das wahre V_o der Grundgesamtheit gehalten werden muß, damit bei Ablehnung von $v > v_o$, v_o konstant vorgegeben, die Wahrscheinlichkeit der Ablehnung ε beträgt. Es wird also jetzt V_o gesucht, so daß $W(v > v_o \mid V \leqq V_o) = \varepsilon$ ist. Man erhält V_o dann aus

$$(IV.7) \qquad \frac{\sqrt{N}}{V_o} = \delta\left(N-1, \frac{\sqrt{N}}{v_o}, \varepsilon\right),$$

also

$$(IV.8) \qquad V_o = \frac{\sqrt{N}}{\delta(N-1, \sqrt{N}/v_o, \varepsilon)}$$

IV.3) Es kann der Fall auftreten, daß ein Wert v beobachtet wird und eine obere Vertrauensgrenze V_{ob} von V gesucht wird, so daß die Wahrscheinlichkeit, daß $V > V_{ob}$ gleich ε ist. Das bedeutet, daß eine untere Vertrauensgrenze von $\sqrt{N}/V$ gesucht wird, also

(IV.9) $$W\{ \frac{\sqrt{N}}{v} > t(N-1, \sqrt{N}/V, \epsilon)\} = \epsilon \quad \text{oder}$$

$$W\{ \frac{\sqrt{N}}{v} < t(N-1, \sqrt{N}/V, 1-\epsilon)\} = 1-\epsilon .$$

Da $t(f,\delta,\epsilon)$ monoton mit δ zunimmt, sind die beiden Ungleichungen

(IV.10) $$\sqrt{N}/v < t_o(N-1, \sqrt{N}/V, 1-\epsilon)$$

und

(IV.11) $$\sqrt{N}/V > \delta (N-1, \sqrt{N}/v, 1-\epsilon)$$

gleichwertig. Damit wird

(IV.12) $$V_{ob} = \sqrt{N}/\delta(N-1, \sqrt{N}/v, 1-\epsilon)$$

Eine untere Vertrauensgrenze erhält man durch

(IV.13) $$V_{unt} = \sqrt{N}/\delta(N-1, \sqrt{N}/v, \epsilon)$$

Läßt man die Forderung (IV.1) weg, so gilt für ein positives reelles konstantes v_o , daß

(IV.14) $$W\{s/ \bar{x} < v_o\} = W\{T(N-1, \delta) \geq \sqrt{N}/v_o\} + W\{T(N-1, \delta) < 0\} \text{ mit } \delta = \mu \sqrt{N}/\sigma$$

Das bedeutet, die Wahrscheinlichkeit $W\{s/ \bar{x} < v_o\}$ setzt sich zusammen aus den Wahrscheinlichkeiten

a) daß das nichtzentrale t größer als $t_o = \sqrt{N}/v_o$ und
b) daß es kleiner als $t_o = 0$ ist.

IV.4 Zusammenfassung

IV.4.1: (Zu IV.1). Es soll geprüft werden, ob $V \leq V_o$ (bzw. $V \geq V_o$) - wobei V_o vorgegeben ist und V durch $v = s/\bar{x}$ geschätzt wurde.

a) Die Nullhypothese H_o: $V \leq V_o$ wird zugunsten der

Einshypothese H_1: $V > V_o$ zurückgewiesen, wenn

$$(IV.15) \qquad v = \frac{s}{\bar{x}} > v_o = \frac{\sqrt{N}}{t_o(N-1, \sqrt{N}/V_o, \varepsilon)}$$

gilt.

b) Die Nullhypothese H_o: $V \geq V_o$ wird zugunsten der

Einshypothese H_1: $V < V_o$ zurückgewiesen, wenn

$$(IV.16) \qquad v = \frac{s}{\bar{x}} < v_o = \frac{\sqrt{N}}{t_o(N-1, \sqrt{N}/V_o, 1-\varepsilon)}$$

ε ist die zugelassene Irrtumswahrscheinlichkeit.

IV.4.2: (Zu IV.2). Wird die Grundgesamtheit dann abgelehnt, wenn der Variationskoeffizient v einer Stichprobe größer (bzw. kleiner) als ein vorgegebenes v_o ist, so muß der wahre Variationskoeffizient V der Grundgesamtheit kleiner als

$$(IV.17) \qquad V_o = \frac{\sqrt{N}}{\delta(N-1, \sqrt{N}/v_o, \varepsilon)}$$

bzw. größer als

$$(IV.18) \qquad V_o = \frac{\sqrt{N}}{\delta(N-1, \sqrt{N}/v_o, 1-\varepsilon)}$$

gehalten werden, damit die Ablehnwahrscheinlichkeit gleich ε wird.

IV.4.3: (Zu IV.3). Wurde bei einer Stichprobe ein Variationskoeffizient von v beobachtet, so liegt der wahre Variationskoeffizient V der Grundgesamtheit jeweils mit der Wahrscheinlichkeit $1-\varepsilon$

$$(IV.19) \quad \text{unter} \quad V_{ob} = \frac{\sqrt{N}}{\delta(N-1, \sqrt{N}/v, 1-\varepsilon)}$$

und oberhalb von

$$(IV.20) \qquad v_{unt} = \frac{\sqrt{N}}{\delta(N-1,\ \sqrt{N}/v,\ \epsilon)}$$

N ist allgemein die Stichprobengröße.

Aufgabenbeispiel 1

In der Textilindustrie wird der Variationskoeffizient häufig benutzt. So geben wir hier ein Beispiel wieder (Graf-Henning, Seite 8), bei dem Drehungsmessungen an einem bestimmten Reyon-Kreppgarn durchgeführt wurden. Es wurden auf 50 cm Fadenlänge in $i(i=1,\ldots,10)$ Versuchen x_i Drehungen gemessen, wie die folgende Tabelle angibt:

Nummer des Meßwertes	Meßwert x_i
1	1090
2	1110
3	1125
4	1050
5	1057
6	1110
7	1141
8	1136
9	1123
10	1110

Diese Drehungsmessung ist durch $\bar{x} = 1105$ Drehungen pro 50 cm, Standardabweichung $s = 31$ Drehungen pro 50 cm, gekennzeichnet. Es ist üblich, die Standardabweichung in Prozenten des Mittelwertes als Maß für die Drehungsfestlegung anzugeben, also die Prozentzahl

$$v = (100 \cdot \frac{s}{\bar{x}})\ \% \quad ,$$

die auch als Variationskoeffizient bezeichnet wird. In dem vorliegenden Fall ist der Variationskoeffizient

$$v = 100 \cdot \frac{31}{1105} \% = 2{,}8 \% \quad \text{oder} \quad v = 0{,}028 .$$

Es seien nun folgende Aufgaben gestellt:

1) Ist der Variationskoeffizient der Drehungsmessung in der Gesamtproduktion statistisch gesichert, kleiner als $v_0 = 3{,}2 \%$?
   Die Aussagesicherheit sei 95 %.

2) Es soll für die Gesamtproduktion dieses Reyon-Kreppgarnes der Variationskoeffizient für die Drehungsmessung angegeben werden, der höchstens in 5 % aller Fälle überschritten wird.

Die Lösungen der Aufgaben sind im Lösungsanhang zu finden.

V Einseitige Toleranzgrenzen für Normalverteilungen

Es sei X eine Zufallsvariable, die nach $N(\mu,\sigma^2)$ verteilt ist, dann kann man die Zahlen K_p errechnen, so daß p % der Fläche zwischen der Dichtekurve und der Abszisse unterhalb $\mu + K_p \cdot \sigma$ liegt, also

(V.1) $$W(X \leq \mu + K_p\sigma) = p$$

K_p errechnet sich aus dem Integral

(V.2) $$\frac{1}{\sqrt{2\pi}} \int_{-\infty}^{K_p} e^{-t^2/2}\, dt = p$$

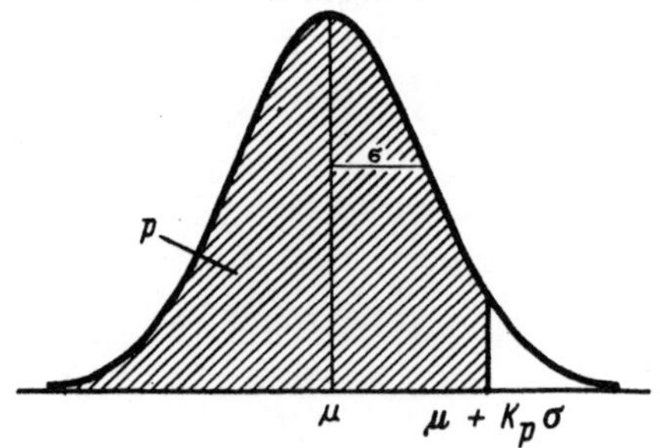

Bild 5

Zum Beispiel ist für $p = 97{,}5$ %; $K_p = 1{,}96$.

Nun kommt es oft vor, daß μ und σ der Grundgesamtheit unbekannt sind und aufgrund einer Stichprobe nur Schätzungen dafür in Form des Mittelwerts $\bar{x}$ und der Standardabweichung s zu erhalten sind. Unter Verwendung von $\bar{x}$ und s kann man statt des Wertes $\mu + K_p\sigma$, wie er in (V.1) auftritt, einen Toleranzwert der Form $\bar{x} + ks$ verwenden. Dabei sind $\bar{x}$ und s ihrerseits nur Realisationen von Zufallsvariablen $\bar{X}$ und S , denn für jede Stichprobe wird sich ein anderer $\bar{x}$- bzw. s-Wert ergeben. Damit kann auch dieser Toleranzgrenzwert nur mit einer gewissen Wahrscheinlichkeit angegeben werden.
Das Problem, diesen Toleranzgrenzwert zu finden, läuft auf die Frage nach einem Faktor k hinaus, so daß

(V.3) $$W\{W(X \leq \overline{x} + ks) \geq p\} = \alpha \quad ,$$

wobei p,α gewählt werden können und X wie oben definiert ist. Formel (V.3) bedeutet, daß ein Wert k gesucht wird, so daß unterhalb der Schranke $\overline{x} + ks$ mindestens der Anteil p der Grundgesamtheit liegt und, da $\overline{X}$ und S Zufallsgrößen sind, also auch die Schranke von der zufälligen Auswahl der Stichprobe abhängt, wird hier eine Aussagegenauigkeit α gefordert.

Da X eine stetige Zufallsvariable ist, ist $\overline{X} + kS$ wieder eine und damit $W(X \leq \overline{X} + kS)$ auch eine stetige Zufallsvariable. Da die Wahrscheinlichkeit $W(Z = z_0)$ einer stetigen Zufallsvariablen für jedes feste z_0 stets Null ist, wurde in (V.3) das $\geq$-Zeichen eingeführt. (Man hätte auch analog $\leq$ einführen können.)

Eigentlich hätte man (V.3) in der Form

$$W\{W(X \leq \overline{X} + kS) \geq p\} = \alpha$$

schreiben müssen, wenn alle Zufallsvariablen mit großen Buchstaben geschrieben werden. Da es jedoch üblich ist, Mittelwert und Standardabweichung durch $\overline{x}$ und s zu bezeichnen und da die weiteren Ableitungen auf die praktische Anwendung ausgerichtet sind, schreiben wir statt $\overline{X}$ auch $\overline{x}$ und statt S auch s .

Betrachten wir in (V.3) die innere Abschätzung

(V.4) $$W(X \leq \overline{x} + ks) \geq p \; .$$

Diese ist gleichwertig mit dem Ausdruck

(V.5) $$\frac{1}{\sqrt{2\pi}\cdot\sigma} \int_{-\infty}^{\overline{x}+ks} \exp\left(-\frac{(t-\mu)^2}{2\sigma^2}\right) dt \geq p \; .$$

Da bekanntlich

$$\frac{1}{\sqrt{2\pi}\cdot\sigma} \int_{-\infty}^{\xi} \exp\left(-\frac{(t-\mu)^2}{2\sigma^2}\right) dt = \frac{1}{\sqrt{2\pi}} \int_{-\infty}^{\frac{\xi-\mu}{\sigma}} \exp(-t^2/2)\, dt$$

gilt, wie man durch Substitution leicht zeigt, erhält man aus (V.5), indem man $\xi = \bar{x} + ks$ setzt:

$$(V.6) \qquad \frac{1}{\sqrt{2\pi}} \cdot \int_{-\infty}^{\frac{\bar{x}+ks-\mu}{\sigma}} \exp(-t^2/2)\,dt \geq p$$

Vergleicht man nun (V.6) und (V.2), so sieht man, daß (V.4) der Aussage

$$(V.7) \qquad \frac{\bar{x}+ks-\mu}{\sigma} \geq K_p$$

identisch ist. Hieraus wiederum erhält man

$$(V.8) \qquad \frac{\bar{x}-\mu}{\sigma} + \frac{ks}{\sigma} \geq K_p \,.$$

Da man bei einer Ungleichung auf beiden Seiten dasselbe addieren bzw. die Ungleichung mit einer Zahl >0 multiplizieren kann, ohne die Richtung des Ungleichheitszeichen zu ändern, erhält man

$$(V.9) \qquad \frac{\sqrt{N}\,(\bar{x}-\mu)}{\sigma} - \sqrt{N}\,K_p \geq -\sqrt{N}\,\frac{ks}{\sigma} \,.$$

Damit wird aus (V.3)

$$(V.10) \quad \alpha = W\{W(X \leq \bar{x}+ks) \geq p\} = W\left\{\frac{\frac{\sqrt{N}(\bar{x}-\mu)}{\sigma} - \sqrt{N}\,K_p}{\frac{s}{\sigma}} \geq -k\sqrt{N}\right\}$$

Dies ist nun in der Form einer nichtzentralen t-Verteilung mit f Freiheitsgraden (- in der Regel wird man $\bar{x}$ und s aus N Realisationen von X errechnen, so daß $f = N-1$ ist -) und dem Nichtzentralitätsparameter $\delta = -\sqrt{N}\,K_p$.

(V.10) kann somit in der Form

$$(V.11) \qquad \begin{aligned} &W\{T(f,\delta) \geq -k\sqrt{N}\} = \\ &= W\{T(f, -\sqrt{N}\,K_p) \geq -k\sqrt{N}\} = \alpha \end{aligned}$$

geschrieben werden oder wegen

$$W\{T \leq t_o | \delta\} = 1 - W\{T < -t_o | -\delta\}$$

(vgl. Bemerkung 2 von II.2) auch in der Form

(V.12) $$W\{T(f, \sqrt{N}\, K_p) \leqslant k\, \sqrt{N}\} = \alpha$$

Damit kann man k berechnen.

Ohne die nichtzentrale t-Verteilung muß man den schon angedeuteten Weg über die Mutungsintervalle für μ und σ gehen (vgl. I.3). Setzt man

$$\tau = \mu + K_p \sigma \ ,$$

so erhält man auf die entsprechende Weise wie in I.3 einen oberen Vertrauensgrenzwert für τ :

(V.13) $$\tau < \bar{x} + t(N-1, \alpha) \cdot \frac{s}{\sqrt{N}} + K_p \cdot s \cdot \sqrt{\frac{N-1}{\chi^2(N-1, \beta)}} = \bar{x} + k's$$

mit einer Aussagesicherheit von (mindestens) $\alpha \cdot \beta$.

Beispiel:
Es werde ein oberer Vertrauensgrenzwert τ für einen Anteil $p = 0{,}975$. Dabei sei die einseitige Sicherheit $\alpha = \beta = 0{,}975$ also $\alpha \cdot \beta \cdot 100\% \approx$ 95 % Aussagesicherheit. Es seien 10 Meßwerte vorgelegt. Man erhält

(V.14) $$\tau < \bar{x} + 0{,}715\ s + 1{,}96 \cdot 1{,}826\ s = \bar{x} + 4{,}294\ s = \bar{x} + k's$$

mit $k' = 4{,}294$.

Mit Hilfe der nichtzentralen t-Verteilung würde man für die obere Vertrauensgrenze $\tau = \bar{x} + k \cdot s$ unter denselben Voraussetzungen ein $k = 3{,}402$ erhalten.
Bild 6 zeigt, wie sehr viel schlechter man schätzt, wenn man die nichtzentrale t-Verteilung nicht verwendet. Dort ist bei einer 95 %igen Aussagewahrscheinlichkeit und $p = 0{,}975$ der Unterschied

$$k' - k$$

in % von k gegen die Stichprobengröße N aufgetragen. Der Unterschied vergrößert sich bei größeren Aussagegenauigkeiten noch erheblich.

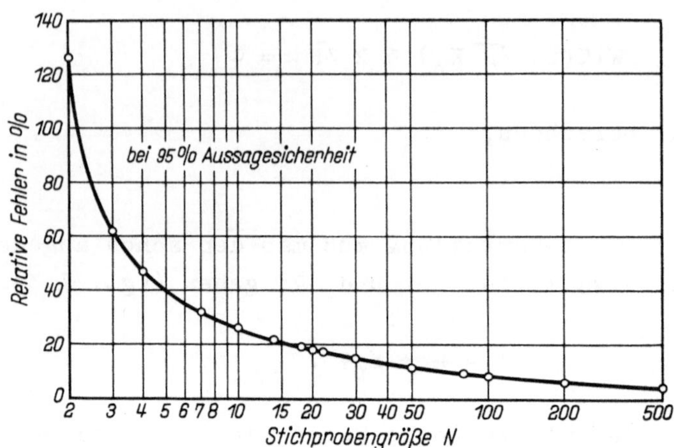

Bild 6 Relative Fehler bei Nichtverwendung der nichtzentralen t-Verteilung für die Schätzung des Toleranzgrenzwertes

Zusammenfassung

Aus einer Stichprobe $x_1,\ldots,x_N$ sei eine obere (bzw. untere) Grenze der Form $\overline{x} + ks$ zu berechnen, so daß mindestens (bzw. höchstens) $p \cdot 100$ % der Grundgesamtheit bei der Aussagewahrscheinlichkeit α unter dieser Grenze liegt, d.h. also, daß

(V.15) $W\{W\{X \leq \overline{x} + ks\} \geq p\} = \alpha$ (obere Grenze)

(bzw. $W\{W\{X \leq \overline{x} + ks\} \leq p\} = \alpha$ (untere Grenze))

gefordert wird.

Die folgende Tabelle gibt die Grenzen an:

	$p > 0{,}5$	$p < 0{,}5$
obere Grenze	$\bar{x} + \frac{t_o(N-1,\ \sqrt{N}\,\lvert K_p\rvert,\ \alpha)}{\sqrt{N}} \cdot s$	$\bar{x} + \frac{t_o(N-1,\ -\sqrt{N}\,\lvert K_p\rvert,\ \alpha)}{\sqrt{N}} \cdot s$
untere Grenze	$\bar{x} - \frac{t_o(N-1,\ -\sqrt{N}\,\lvert K_p\rvert,\ \alpha)}{\sqrt{N}} \cdot s$	$\bar{x} - \frac{t_o(N-1,\ \sqrt{N}\,\lvert K_p\rvert,\ \alpha)}{\sqrt{N}} \cdot s$

Für $p = 0{,}5$ geht der nichtzentrale Wert t_o in den Student'schen $t(N-1, \alpha)$ über, da dann $\delta = \pm\ N K_p = \pm \sqrt{N} \cdot 0 = 0$ wird. Falls der Freiheitsgrad f gegen Unendlich strebt, ist σ bekannt und k wird durch

$$k = K_p + \frac{K_\alpha}{\sqrt{N}}$$

Wenn andererseits N gegen Unendlich strebt, ist der Wert μ bekannt und der Toleranzgrenzwert $\bar{x} + ks$ wird

$$\mu + ks = \mu + K_p \sqrt{\frac{f}{\chi^2(f,\ 1-\alpha)}} \cdot s\ ,$$

was ein bekanntes klassisches Resultat ist.

In praktischen Aufgaben wird jedoch $f = N-1$ sein, mit f also auch N gegen Unendlich streben und man erhält

$$k = K_p$$

Also erhält man das für große Freiheitsgrade wichtige Ergebnis:
Für $f = N-1 \rightarrow \infty$, gilt für den Toleranzgrenzwert aus (V.15)

$$\overline{x} + ks = \overline{x} + K_p \cdot s$$

Man wird in der Praxis hauptsächlich eine obere Grenze für $p > 0,5$ oder dazu symmetrisch liegende untere Grenze für $p < 0,5$ zu berechnen haben. Für diesen Fall kann man auch nach der "klassischen" Methode pessimistisch $\alpha = \beta = 0,975$ schätzen und diese Schätzung um den aus Bild 6 ablesbaren Fehler verbessern. Man erhält dann für 95 %iger Aussagesicherheit den richtigen k-Wert, dessen Genauigkeit praktisch nur von der Ablesegenauigkeit des Bildes 6 abhängt.

Aufgabenbeispiel 2

(Für die freundliche Überlassung dieses Beispiels danke ich Herrn Professor A. Linder/Genf)

Aus einer Meßreihe von 19 Durchschlagspannungen von Preßspan soll die 1 %-Durchschlagspannung ermittelt werden, also diejenige Spannung, bei der höchstens in 1 % aller möglichen Fälle die Spannung durchschlägt.

Die Meßwerte sind in kV angegeben:

6,12	6,64	6,73	7,0	7,1
6,33	6,68	6,78	7,0	7,3
6,45	6,73	6,98	7,0	7,3
6,56	6,68	6,98	7,1	

VI Vertrauensbereiche für einseitige Fraktile

Man kann dieselben Überlegungen wie in V auch für den umgekehrten Fall anstellen, nämlich für den folgenden:
Wieder sei X nach $N(\mu,\sigma^2)$ verteilt und durch eine Stichprobe $x_1,\ldots,x_N$ realisiert. Nun will man bei festgegebenem x^* eine obere Vertrauensgrenze p_o oder untere Vertrauensgrenze p_u für p haben, wo $p = W(X \leq x^*)$ ist. (Vorher war p gegeben und x^* gesucht.)

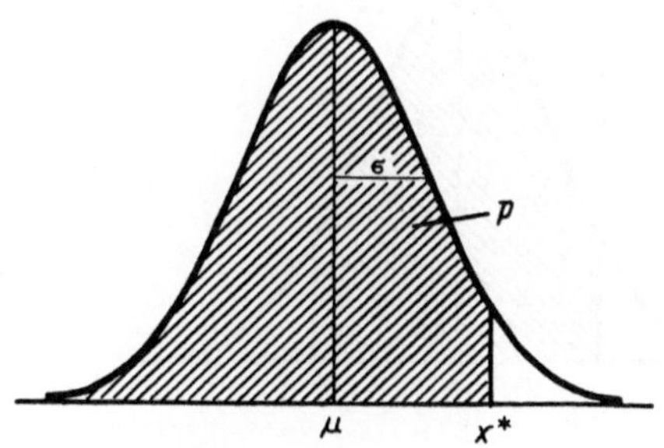

Bild 7

Wir definieren einen Wert k^* durch $x^* = \bar{x} + k^*s$ und können die Überlegungen von V genauso wieder verwenden und erhalten für p_u :

(VI.1)
$$W\left\{\frac{\frac{\sqrt{N}(\bar{x}-\mu)}{\sigma} + \sqrt{N}\,K_{p_u}}{\frac{s}{\sigma}} \leq k^*\sqrt{N}\right\} =$$

$$= W(T(f,\delta) < k^* \cdot \sqrt{N}) = \alpha; \quad f = N-1; \quad \delta = \sqrt{N}\,K_{p_u}$$

Bei vorgegebenem α und gegebener Stichprobe läßt sich f, $k^* \cdot \sqrt{N}$ errechnen und aus damit auch $\delta = K_{p_u} \cdot \sqrt{N}$.

p_u läßt sich wegen

(VI.2)
$$p_u = \frac{1}{\sqrt{2\pi}} \int_{-\infty}^{K_{p_u}} \exp[-t^2/2]\, dt$$

mit Hilfe von Tafeln der Normalverteilung bestimmen. Entsprechendes gilt für eine obere Vertrauensgrenze p_o für p. Das Verfahren kann nicht auf zentrale Fraktile ausgedehnt werden (vgl. Bild 8), sonst jedoch durch Kombination der entsprechenden oberen und unteren Grenzen zu zweiseitigen Vertrauensgrenzen führen.

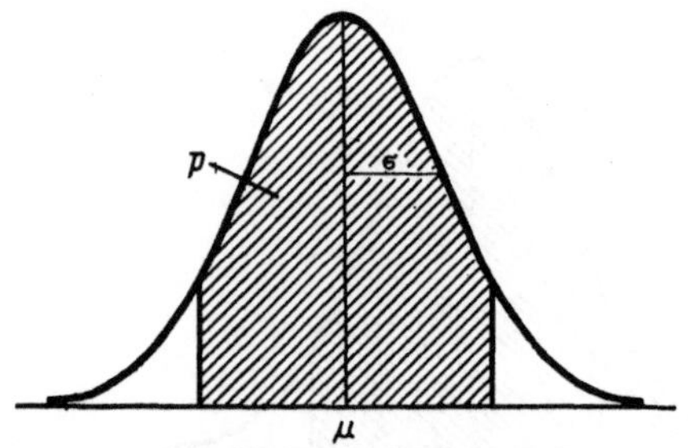

Bild 8 Zentrales Fraktil p

Formelzusammenfassung

Aus einer Stichprobe $x_1, \ldots, x_N$ sollen Vertrauensgrenzen für den Prozentsatz $p \cdot 100$ % gesucht werden, der in der Grundgesamtheit unterhalb des vorgegebenen Wertes x^* liegt. Die Aussagesicherheit sei α.

	$x^* > \bar{x}$	$x^* < \bar{x}$
obere Vertrauensgrenze	$K_p = -\dfrac{\delta(f, -t_o, \alpha)}{\sqrt{N}}$	$K_p = \dfrac{\delta(f, -t_o, \alpha)}{\sqrt{N}}$
untere Vertrauensgrenze	$K_p = \dfrac{\delta(f, t_o, \alpha)}{\sqrt{N}}$	$K_p = -\dfrac{\delta(f, t_o, \alpha)}{\sqrt{N}}$
mit $t_o = \dfrac{x^* - \bar{x}}{s} \cdot \sqrt{N}$, $f = N - 1$		

Aus dem K_p kann man mit Hilfe einer Tafel der Normalverteilung die gesuchten Vertrauensgrenzen für p ablesen.
Man sieht leicht, daß die Formeln kreuzweise symmetrisch sind (z.B. ist das K_p der Formel links unten gleich dem K_p der Formel rechts oben).

Aufgabenbeispiel 3

Bild 8a gibt im Wahrscheinlichkeitsnetz die Häufigkeitsverteilung der Bruchdehnung δ_o in % eines gewissen Stabstahls an. Es ist eine Mindestbruchdehnung von 10 % = x_{min} vorgeschrieben. Stäbe, die kleinere δ_o -Werte aufweisen, sind als Ausschuß zu betrachten. Aufgrund von N = 251 Meßwerten wurde im Laufe der Produktion Mittelwert und Standardabweichung der δ_o -Verteilung innerhalb eines Jahres berechnet und dieses sogenannte "Langzeitniveau" als Gerade ins Wahrscheinlichkeitsnetz eingetragen. Da aufgrund dieser Verteilung auf die Güte der Produktion geschlossen werden sollte, wurden 40 Werte der letzten Messungen ebenfalls eingetragen und festgestellt, daß sich das "Langzeitniveau" nicht verändert hat. Aufgrund der Schätzwerte $\hat{\mu}$ und $\hat{\sigma}$ des Langzeitniveaus soll nun angegeben werden, welcher Ausschußanteil p_o schlimmstenfalls mit einer Wahrscheinlichkeit von 90 % bzw. 10 % zu erwarten ist, wobei nur die letzten 40 Messungen herangezogen werden sollten.

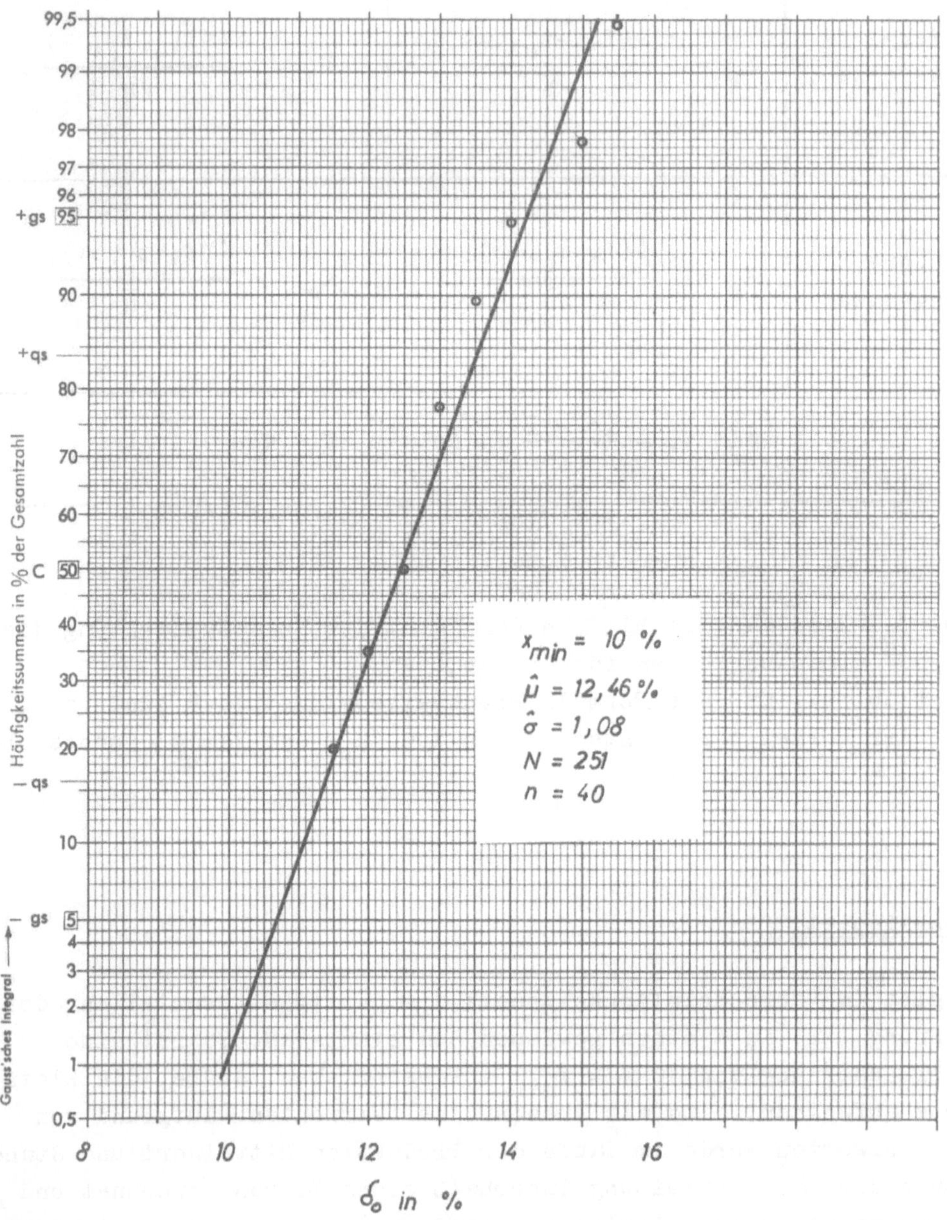

Bild 8a: Bruchdehnung δ_o im Wahrscheinlichkeitsnetz

VII Einseitige Stichprobenpläne für messende Prüfung

VII.1 Annahmewahrscheinlichkeit und Ausschußprozentsatz

Eng verwandt mit den beiden vorhergegangenen Fragestellungen ist die nach der Operationscharakteristik eines Stichprobenplanes für Variablenprüfung.

Bei der Qualitätskontrolle meßbarer Größen werden Stücke hinsichtlich eines meßbaren Merkmals X untersucht und als "schlecht" abgelehnt, wenn dieses Merkmal einen oberen oder unteren zugelassenen Grenzwert über- oder unterschreitet.

Beispiel: Es sei eine Lieferung Stabstahl darauf zu prüfen, ob sein Durchmesser X kleiner (oder größer) als ein vorgegebener Durchmesser $\mathcal{O}$ ist. Über Mittelwert und Streuung der Durchmesser weiß man nichts, nur, daß ihre Verteilung normal ist.

Nun will man gerne wissen, welchen Ausschußanteil p die Lieferung enthält.

Mit den Worten der Statistik ausgedrückt, bedeutet das: Das zu prüfende Merkmal X ist nach $N(\mu,\sigma^2)$ verteilt (μ,σ unbekannt).

Der Ausschußanteil p ist der Anteil an der Gesamtheit für den

$$x \geq \mathcal{O}$$

gilt, also

$$p = \int_{\mathcal{O}}^{\infty} \varphi(x|\mu,\sigma^2)\, dx \quad . \tag{VII.1}$$

$\varphi(x|\mu,\sigma^2)$ ist die Dichte von X. Wir beschränken uns hier auf einen oberen Grenzwert $\mathcal{O}$. Für einen unteren Grenzwert U gelten analoge Überlegungen.

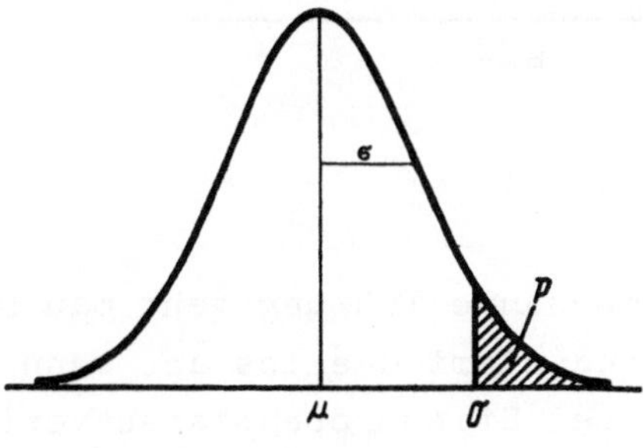

Bild 9

Wie man leicht sieht, ist

(VII.2) $$O' - \mu = \sigma' \cdot \sigma, \text{ also}$$
$$\frac{O' - \mu}{\sigma} = \sigma' \; ;$$

der Ausschußanteil p hängt nun über die Normalverteilung direkt von σ' ab und hat man einmal σ', so braucht man p nur noch aus einer Tafel der Normalverteilung abzulesen.
Hier wird übrigens schon klar, daß man bei großem σ', also kleinem Ausschußprozentsatz p sehr in die "Schwänze" der Normalverteilung hineinkommt. Man ist in diesen Bereichen sehr auf die gute "Normalverteilheit" der Gesamtheit angewiesen, was bei Stichprobenplänen messender Prüfung einen gewissen Nachteil darstellt.
Zieht man aus der Gesamtmenge eine Stichprobe heraus, so erhält man die Meßwerte $x_1, \ldots, x_N$. Dann ist

(VII.3) $$\omega = \frac{O' - \bar{x}}{s}$$

eine Schätzung von σ'.
Man kann zeigen, daß $\sqrt{N} \cdot \omega$ nach der nichtzentralen t-Verteilung verteilt ist:

(VII.4)
$$\sqrt{N} \cdot \omega = \frac{\sqrt{N} \cdot (O' - \bar{x})}{s} =$$
$$= \frac{\sqrt{N}\,(O' - \bar{x} + \mu - \mu)}{s} =$$
$$= - \frac{\sqrt{N}\,(\bar{x} - \mu)}{s} + \frac{\sqrt{N}\,(O' - \mu)}{s} =$$
$$= \frac{- \frac{\sqrt{N}\,(\bar{x} - \mu)}{\sigma} + \frac{\sqrt{N}\,(O' - \mu)}{\sigma}}{s/\sigma}$$

Dabei ist $\frac{\sqrt{N}\,(O' - \mu)}{\sigma} = \sqrt{N} \cdot \sigma' = \delta$.

Bei den Stichprobenplänen für messende Prüfung geht man so vor:
Man berechnet $(O' - \bar{x})/s = \omega$ und nimmt das Los an, wenn dieser Wert kleiner als eine vorgegebene - bei Stichprobenplänen vertafelte - Konstante k ist.

Die Annahmewahrscheinlichkeit für das Los ist damit

(VII.5) $$\alpha = W\left(\frac{\sigma - \bar{x}}{s} \le k\right) .$$

Setzt man $k = t_o / \sqrt{N}$, so ist die Annahmewahrscheinlichkeit für das Los

$$\alpha = W(N,\sigma,p) = W\left(\frac{\sigma - \bar{x}}{s}\sqrt{N} = \omega\sqrt{N} \le t_o\right) =$$

$$= W\left\{\frac{-\frac{\sqrt{N}(\bar{x}-\mu)}{\sigma} + \frac{\sqrt{N}(\sigma-\mu)}{\sigma}}{s/\sigma} \le t_o\right\} =$$

(VII.6)

$$= W\left\{\frac{\frac{\sqrt{N}(\bar{x}-\mu)}{\sigma} - \frac{\sqrt{N}(\sigma-\mu)}{\sigma}}{s/\sigma} \ge -t_o\right\} =$$

$$= W\left\{\frac{\frac{\sqrt{N}(\bar{x}-\mu)}{\sigma} + \frac{\sqrt{N}(0-\mu)}{\sigma}}{s/\sigma} \le t_o\right\}$$

Sei nun einerseits k vorgegeben, dann ist $t_o = \sqrt{N} \cdot k$ bekannt und aus

(VII.7)
$$\delta = \frac{\sqrt{N}\,(\sigma - \mu)}{\sigma} = \sqrt{N} \cdot \sigma = \delta(N-1,\ t_o,\ \alpha)$$

$$\sigma = \frac{\delta(N-1,\ \sqrt{N} \cdot k,\ \alpha)}{\sqrt{N}}$$

zu errechnen. Damit ist der Ausschußanteil

(VII.8) $$p = \frac{1}{\sqrt{2\pi}} \int_0^\infty \exp\left(-\frac{t^2}{2}\right)\, dt ,$$

aus einer Tafel der Normalverteilung abzulesen.
Diesen Ausschußanteil p darf das Los enthalten, um mit der Wahrscheinlichkeit α abgenommen zu werden. Umgekehrt kann man sich bei vorgegebenen Werten von N,p,σ auch den Faktor k so bestimmen, daß

das vorgegebene Los mit der Wahrscheinlichkeit α abgenommen wird. Es ist dann

$$\text{(VII.9)} \qquad k = \frac{t_o(N-1, \sqrt{N}\,\sigma, \alpha)}{\sqrt{N}}$$

Für den Fall einer unteren Grenze U läuft das Verfahren analog. W(N,O,p) nennt man auch Operationscharakteristik.

VII.2 Vorgabe zweier Punkte der Operationscharakteristik

Bei Stichprobenplänen wird oft die Operationscharakteristik noch so bestimmt, daß sie durch 2 vorgegebene Punkte geht.

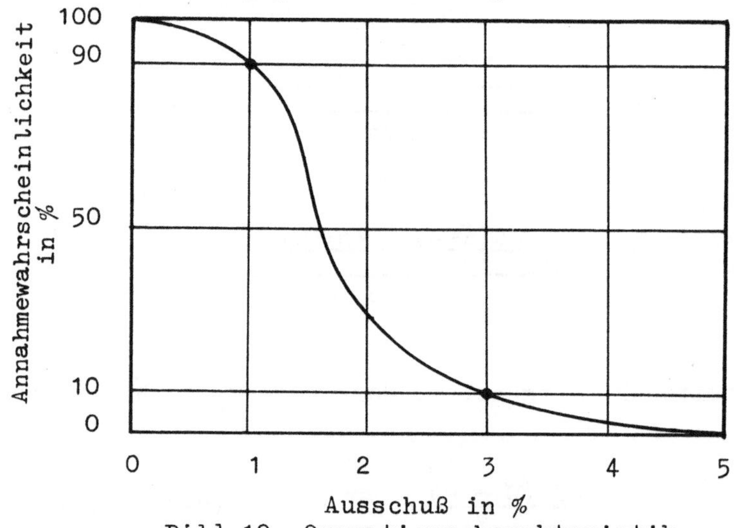

Bild 10 Operationscharakteristik

Bild 10 gibt als Beispiel eine Operationscharakteristik wieder. Man sieht, daß Lieferungen mit Ausschußprozentsätzen kleiner als 1 % mit mehr als 10 % Wahrscheinlichkeit angenommen werden. Die G u t - g r e n z e eines Stichprobenplanes ist dadurch festgelegt, daß Lieferungen (= Lose), die einen geringeren Ausschußanteil als die Gutgrenze haben, mit hoher Wahrscheinlichkeit (meist 90 %) angenommen werden. Die Gutgrenze würde hier bei 1 % liegen. Man bezeichnet die Gutgrenze üblicherweise mit AQL (Acceptance Quality Level).

Die S c h l e c h t g r e n z e - auch LTPD (Lot Tolerance Percent Defective) genannt - eines Stichprobenplanes ist dadurch gekennzeichnet, daß Lose, deren Ausschußprozentsatz die Schlechtgrenze mit großer

Wahrscheinlichkeit abgelehnt werden, was bedeutet, daß sie nur mit geringer Wahrscheinlichkeit (meist 10 %) angenommen werden. 3 % ist hier also die Schlechtgrenze.

Grundsätzlich kann eine Operationscharakteristik auch durch andere Punkt festgelegt werden. Allgemein sei sie durch

(VII.10) $W(N,\sigma,p_\alpha) \approx \alpha$ und $W(N,\sigma,p_\beta) \approx \beta$

festgelegt mit $0 < p_\alpha < p_\beta < 1$, was $0 < \beta < \alpha < 1$ bedeutet.
Man kann versuchen, durch Probieren die kritischen Werte σ und N nach den Rechenverfahren von X. zu ermitteln. Dies empfiehlt sich jedoch nicht. Günstiger ist es, eine Approximation, z.B. (XI.29), zu verwenden.
Wir beschränken uns hier auf den üblichen Fall, daß $\alpha = 1-\beta = 0,9$ ist, also Lose mit weniger als $p_\alpha \cdot 100$ % Ausschuß in $\alpha \cdot 100$ % aller Fälle angenommen und mit mehr als $p_\beta \cdot 100$ % Ausschuß in $\alpha \cdot 100$ % aller Fälle abgelehnt werden.

Unter Beibehaltung der Bezeichnungen von VII.1 ergibt sich unter Benutzung der Formeln (VII.7) und (VII.8) für diesen Stichprobenplan

(VII.11)

$$p_\alpha = \frac{1}{\sqrt{2\pi}} \int_{\sigma_\alpha}^{\infty} \exp(-\, t^2/2)\, dt \quad \text{bzw.} \quad \sigma_\alpha = K_{p_\alpha}$$

$$p_\beta = \frac{1}{\sqrt{2\pi}} \int_{\sigma_\beta}^{\infty} \exp(-\, t^2/2)\, dt \quad \text{bzw.} \quad \sigma_\beta = K_{p_\beta}$$

und

(VII.12)

$$\sigma_\alpha \sqrt{N} \approx (N-1,\ \sqrt{N} \cdot k,\ \alpha)$$

$$\sigma_\beta \sqrt{N} \approx (N-1,\ \sqrt{N} \cdot k,\ \beta)$$

Benutzt man nun (XI.29), so ergibt sich daraus

$$\sigma_\alpha \sqrt{N} \approx k\sqrt{N} - K_\alpha \sqrt{1 + \frac{Nk^2}{2(N-1)}}$$

(VII.13)

$$\sigma_\beta \sqrt{N} \approx k\sqrt{N} + K_\alpha \sqrt{1 + \frac{Nk^2}{2(N-1)}}$$

und daraus

(VII.14) $$t_o = k\sqrt{N} \approx (\sigma_\alpha + \sigma_\beta)\frac{\sqrt{N}}{2}$$

bzw.

(VII.15) $$k \approx \frac{\sigma_\alpha + \sigma_\beta}{2} = \frac{K_{p_\alpha} + K_{p_\beta}}{2}$$

und, wenn wir zur Vereinfachung und ohne einen großen Fehler zu machen $N-1 \approx N$ setzen, erhalten wir weiterhin durch Subtraktion der Gleichungen (VII.13) voneinander

(VII.16) $$N = \frac{8K_\alpha^2 + (K_{p_\alpha} + K_{p_\beta})^2}{2\,(K_{p_\beta} - K_{p_\alpha})^2}$$

Satz: Der Stichprobenplan mit den Annahmewahrscheinlichkeiten (VII.10) lautet also:

Es sollen N Proben gezogen werden. Die Lieferung (= das Los) wird angenommen, wenn

(VII.17) $$\omega = \frac{\sigma - \bar{x}}{s} \leq k$$

ist, wobei $\bar{x}, s$ aus den N Proben berechnet wird und k aus (VII.15) zu erhalten ist.

Für den Fall, daß eine untere Grenze $\mathcal{U}$ nicht unterschritten werden sollte, würde dazu ein Stichprobenplan gehören, bei dem ebenfalls N Proben gezogen werden. Die Lieferung wird dann abgelehnt, wenn

(VII.18) $$\frac{\bar{x} - U}{s} \leq k$$

gilt. Die zugehörige Operationscharakteristik ist dabei ebenfalls durch (VII.10) festgelegt.

Aufgabenbeispiel 4

Es soll berechnet werden, wie groß N und k zu wählen sind, damit ein Stichprobenplan erhalten wird, zu dem die Operationscharakteristik von Bild 10 gehört.

VIII Einseitige Vertrauensgrenzen für die lineare Regression

Es wird das lineare Modell

(VIII.1) $$Y = b_o + b_1x_1 + b_2x_2 + \ldots + b_px_p + \epsilon$$

betrachtet, wobei Y die Zielgröße repräsentiert und die x_i die p Einflußgrößen. ϵ ist eine normalverteilte Zufallsvariable mit Mittelwert o und Streuung σ.
Die Beobachtungen,

$$\begin{array}{cccc} y_1 & x_{11} & x_{21} \ldots x_{p1} \\ y_2 & x_{12} & x_{22} \ldots x_{p2} \\ \cdot & \cdot & \cdot & \cdot \\ \cdot & \cdot & \cdot & \cdot \\ \cdot & \cdot & \cdot & \cdot \\ y_N & x_{1N} & x_{2N} \ldots x_{pN} \end{array}$$

aus denen die Koeffizienten b_i geschätzt werden, seien statistisch unabhängig, wie gewöhnlich vorausgesetzt (d.h. die Korrelation der y_i und y_j, $i \neq j$, ist Null).

Bezeichnen wir mit $\hat{b}_i$ $(i = 0,\ldots.,p)$ die Schätzungen der b_i nach der Methode der kleinsten Quadrate, so ist die Reststreuung

(VIII.2) $$s_R^2 = \frac{1}{N-p-1} \sum_{i=1}^{N} (y_i - \hat{b}_o - \hat{b}_1x_{1i} - \ldots - \hat{b}_px_{pi})^2$$

eine Schätzung für σ^2.
Dabei ist

$$\frac{(N - p - 1)\, s_R^2}{\sigma^2}$$

nach χ^2 mit $N-p-1$ Freiheitsgraden verteilt.
Bildet man die Abweichungsproduktsummen

$$(\text{VIII.3}) \qquad Q_{ij} = \sum_{\nu=1}^{N} (x_{i\nu} - \bar{x}_i)(x_{j\nu} - \bar{x}_j), \qquad (i,\ j=1,\ldots\ p)$$

und ordnet man die $Q_{ij}(i,\ j \neq 0)$ in eine Matrix der Form

$$(\text{VIII.4}) \qquad \mathfrak{Q} = \begin{pmatrix} Q_{11} \cdots\cdots Q_{p1} \\ \cdot \quad \cdots\cdots \\ \cdot \quad \cdots\cdots \\ \cdot \quad \cdots\cdots \\ Q_{p1} \cdots\cdots Q_{pp} \end{pmatrix}$$

und die Abweichungsproduktsummen

$$(\text{VIII.5}) \qquad q_i = \sum_{\nu=1}^{N} (y_\nu - \bar{y})\ (x_{i\nu} - \bar{x}_i) \qquad i = (1,\ldots,p)$$

zu einem Vektor

$$(\text{VIII.6}) \qquad \mathfrak{q} = \begin{pmatrix} q_1 \\ \cdot \\ \cdot \\ \cdot \\ q_p \end{pmatrix} = \begin{pmatrix} \sum_{\nu=1}^{N} (y_\nu - \bar{y})(x_{1\nu} - \bar{x}_1) \\ \cdot \\ \cdot \\ \cdot \\ \sum_{\nu=1}^{N} (y_\nu - \bar{y})(x_{p\nu} - \bar{x}_p) \end{pmatrix}$$

so ergibt sich der Spalten-Vektor $\hat{b}$ der Koeffizienten $\hat{b}_i,\ i \neq 0$ aus

$$(\text{VIII.7}) \qquad \hat{b} = \mathfrak{Q}^{-1} \cdot \mathfrak{q}$$

Die Koeffizienten $\hat{b}_i$ haben also die Form

$$(\text{VIII.8}) \qquad \hat{b}_i = \sum_{\mu=1}^{p} Q^{ij} \sum_{\nu=1}^{N} (y_i - \bar{y})(x_{i\nu} - \bar{x}_i)$$

wobei die Q^{ij} die Elemente von $\mathfrak{Q}^{-1}$ sind.
$\hat{b}_o$ ergibt sich zu

(VIII.9) $$\hat{b}_o = \bar{y} - \sum_{\mu=1}^{p} \hat{b}_\mu \bar{x}_\mu$$

Es ist bekannt, daß die Verteilung der $\hat{b}$ unabhängig von der Verteilung der Reststreuung s_R^2 ist (vgl. z.B. Fisz, S. 296 ff).

Seien nun beliebig irgendwelche Werte $x_1,\ldots,x_p$ vorgegeben, dann bezeichne

(VIII.10) $$\hat{y} = \hat{b}_o + \hat{b}_1 x_1 + \ldots + \hat{b}_p x_p$$

den zu diesen Koordinaten gehörigen y-Wert auf der Regressionsgeraden. Bekanntlich ist die Varianz der $\hat{y}$ durch

(VIII.11) $$\sigma_{\hat{y}}^2 = \sigma^2 [\tfrac{1}{N} + \sum_{i=1}^{p} (x_i - \bar{x}_i)^2 Q^{ii} + 2 \sum_{i=1}^{p-1} \sum_{j=i+1}^{p} (x_i - \bar{x}_i)(x_j - \bar{x}_j) Q^{ij}]$$
$$= A \cdot \sigma^2$$

gegeben (vgl. z.B. Linder, S. 196). Dabei bedeuten x_i bzw. x_j für die i-te bzw. j-te Einflußgröße feste gewählte Werte.

Es sei nun eine Vertrauensgrenze $\hat{y}_{oben}$ der Form $\hat{y} + ks_R$ gesucht, so daß die Wahrscheinlichkeit, zumindest 100α % aller y-Werte mit dem Mittelwert

$$b_o + b_1 x_1 + \ldots + b_p x_p$$

unterhalb $\hat{y}_{oben}$ zu finden, γ ist.
Genauer bedeutet das, man muß sich einen Wert k verschaffen, so daß

(VIII.12) $$W\{W\{y < \hat{y} + ks_R\} \geq \alpha\} = \gamma$$

Sei σ^2 die am Anfang eingeführte Varianz von Y (Y sind die mit den Zufallsschwankungen behafteten Werte zu den willkürlich wählbaren aber festen $x_1,\ldots,x_p$) und K_α eine Integralgrenze, die wie üblich durch

(VIII.13) $$\frac{1}{\sqrt{2\pi}} \int_{-\infty}^{K_\alpha} e^{-t^2/2} dt = \alpha$$

definiert ist, dann muß $\hat{y}_{ob} \geq Y + K_\alpha \sigma$ (nach (VIII.13)) sein, also wird aus (VIII.13) - ähnlich den Überlegungen von V. -

$$\text{(VIII.14)} \quad W\{ \frac{\hat{y} + ks - b_o - b_1 x_1 - \ldots - b_p x_p}{\sigma} \geq K_\alpha \} = \gamma$$

Da $\sigma^2_{\hat{y}} = A\,\sigma^2$ nach (VIII.11) gilt, kann man (VIII.14) auf die nichtzentrale Form

$$\text{(VIII.15)} \quad W \left\{ \frac{\dfrac{\hat{y} - b_o - b_1 x_1 - \ldots - b_p x_p}{\sigma \sqrt{A}} - \dfrac{K_\alpha}{\sqrt{A}}}{s/\sigma} \geq - \frac{k}{\sqrt{A}} \right\} = \gamma$$

bringen und k berechnen, indem man

$$t_o = -k/\sqrt{A}, \; \delta = -K_\alpha/\sqrt{A}, \; f = N-p-1$$

setzt.
Auch hier mag wieder ein Beispiel zeigen, daß es sich manchmal lohnt, das angemessene Instrument zu benutzen.
Für die Mutungsgrenzen der Einzelwerte wird in der Literatur oft die einfache Formel für die Mutungsgrenzen

$$\text{(VIII.16)} \quad \left.\begin{matrix} y_{oben} \\ y_{unten} \end{matrix}\right\} = \hat{y} \pm ks = \hat{y} + t(N-1, \alpha) \cdot s_R \cdot \sqrt{1 + A}$$

angegeben. Bild 11 zeigt ein Beispiel, wobei jeweils die einseitigen Mutungsgrenzen für eine Sicherheit von 95 % eingetragen sind. Es handelt sich um eine Regression, die gerechnet wurde, um einen Überblick über den Zusammenhang zwischen Kohlenstoffgehalt eines Schienenstahls und seine Anfälligkeit auf Riffelbildung zu erhalten.

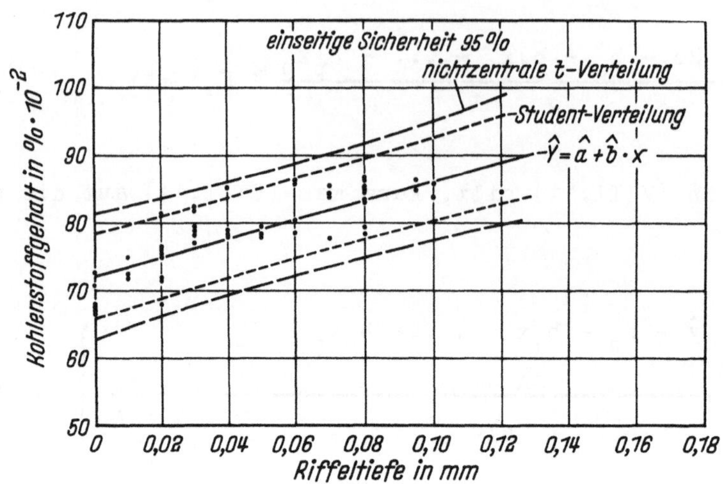

Bild 11 Regression mit und ohne nichtzentrales t

Zusammenfassung

Für die oberen und unteren Vertrauensgrenzen bei den Einzelwerten erhält man:

(VIII.17) Unterhalb $y_{ob} = \hat{y} + k \cdot s_R$

(VIII.18) und oberhalb $y_{unt} = \hat{y} - k \cdot s_R$

liegen jeweils $100 \cdot \gamma$ % aller Einzelwerte.

(VIII.19)
$$k = \sqrt{A} \cdot t_o(f, \delta, \gamma) \quad \text{mit}$$
$$f = N-p-1 \quad \text{und} \quad \delta = K_\alpha / \sqrt{A} \ .$$

Aufgabenbeispiel 5

Ein originelles Beispiel findet sich bei G.W. Snedecor, Seite 112 ff. Dort wird die schon leicht fatalistisch klingende Vermutung untersucht, daß bei Apfelbäumen, die weniger Obst tragen, diese geringeren Ernten auch noch häufiger wurmig sind als bei Bäumen, die reichlich Früchte tragen. Dieses Beispiel wird im Lösungsanhang durchgerechnet.

Es sei dabei folgende Aufgabe gestellt:
Bei einer bestimmten Anzahl von Äpfeln an einem Baum soll mit mindestens 70 %-iger Sicherheit der höchste zu erwartende Prozentsatz an wurmstichigen Früchten angegeben werden; d.h. im Wiederholungsfalle soll bei gleicher Früchtezahl in 70 % aller Fälle dieser höchste "Wurmstichigkeitsprozentsatz" nicht überschritten werden.

IX Die Teststärke des Student'schen t-Tests

IX.1 Der Fall einer Stichprobe

Es sei eine nach $N(\mu,\sigma^2)$ verteilte zufällige Variable X gegeben und μ durch $\bar{x}$, σ durch s geschätzt. Der Student-Test prüft nun die Nullhypothese H_o: $\mu \leqq \mu_o$ gegen die Einhypothese H_1: $\mu > \mu_o$. Dabei wird H_o abgelehnt, wenn die Student'sche Testgröße

$$t = \frac{\sqrt{N}\,(\bar{x} - \mu_o)}{s} \tag{IX.1}$$

mit $f = N-1$ Freiheitsgraden größer als t_o ist. Dabei ist t_o so bestimmt, daß unter der Nullhypothese

$$W\,(t > t_o) = \alpha \tag{IX.2}$$

wird.

α ist die zugelassene Irrtumswahrscheinlichkeit.

Betrachtet man die Student-Verteilung als Spezialfall der nichtzentralen t-Verteilung, so kann man (IX.2) auch in folgender Form schreiben:

$$W\,(t > t_o\,(N-1,\ \delta=o,\ \alpha)) = \alpha \tag{IX.3}$$

Damit ist t_o auch aus Tafeln der nichtzentralen t-Verteilung zu bestimmen.

Sei nun die Nullhypothese in Wirklichkeit nicht erfüllt und $\mu = \mu_1 > \mu_o$, dann erhebt sich die Frage, mit welcher Wahrscheinlichkeit mit Hilfe des Student-Tests H_o zurückgewiesen wird, d.h. es erhebt sich die Frage nach der Teststärke des Student-Tests. Zu diesem Zweck schreiben wir (IX.1) in der nichtzentralen Form

$$t = \frac{\sqrt{N}\,(\bar{x} - \mu_o)}{s} =$$

(IX.4)
$$= \frac{\sqrt{N}\,(\bar{x} - \mu_1 + \mu_1 - \mu_o)}{s} = \frac{\sqrt{N}\,(\bar{x} - \mu_1)}{s} + \frac{\sqrt{N}\,(\mu_1 - \mu_o)}{s} =$$

$$= \frac{\dfrac{\sqrt{N}\,(\bar{x} - \mu_1)}{\sigma} + \dfrac{\sqrt{N}\,(\mu_1 - \mu_o)}{\sigma}}{s/\sigma}$$

Es ist also $\delta = \dfrac{\sqrt{N}\,(\mu_1 - \mu_o)}{\sigma}$ und die Teststärke des t-Tests erhält die Form

(IX.5)
$$W\left(t > t_o \,\middle|\, N-1,\ \frac{\sqrt{N}\,(\mu_1 - \mu_o)}{\sigma},\ ß\right) = ß$$

Für gegebenes $\alpha, ß$, ist

(IX.6)
$$\delta = \delta\,(N-1,\ t_o,\ ß) = \frac{\sqrt{N}\,(\mu_1 - \mu_o)}{\sigma}$$

und somit μ_1 zu errechnen.
Das bedeutet: Legt man beim Student-Test eine Aussagesicherheit von α zugrunde, so wird in $ß \cdot 100$ % aller Fälle ein Varianzunterschied von

(IX.7)
$$\frac{\mu_1 - \mu_o}{\sigma} = \frac{\delta\,(N-1,\ t_o,\ ß)}{\sqrt{N}}$$

noch getrennt, d.h. H_o wird zugunsten von H_1 zurückgewiesen. In den Diagrammen 2 und 3 ist die Trennschärfe des Student-Tests aufgetragen. Für 3 verschiedene Werte von $ß$ sind die Kurven für verschiedene Werte von N und Testsicherheiten α des Student-Tests aufgetragen. Für $(\mu_1 - \mu_o)/\sigma$- Werte, die oberhalb der Kurven liegen, können in $ß \cdot 100$ % aller Fälle μ_1 und μ_o, als verschieden erkannt werden.

BEISPIEL:

Aus einer Grundgesamtheit, die nach $N(\mu,\sigma^2)$ verteilt sei, μ unbekannt, $\sigma = 5$, sei eine Stichprobe von 10 Elementen gezogen worden. Der Student-Test mit einer Sicherheit von $100 \cdot \alpha \,\% = 90\,\%$ hat ergeben, daß μ noch größer als $\mu_o = 4$ ist, H_o also zugunsten H_1 zurückgewiesen wurde.
Man kann damit in eines der Diagramme gehen, beispielsweise Diagramm 3 für $\beta = 0{,}95$ und erkennt, daß der Punkt auf der Kurve mit $N = 10$ und der Abszisse $\alpha = 0{,}90$ eine Ordinate von

$$\frac{\mu_1 - \mu_o}{\sigma} = 0{,}97$$

besitzt. Damit ist der Unterschied zwischen $\mu = \mu_1$ und $\mu_o = 4{,}0$ mit 95 % Sicherheit mindestens $0{,}97 \cdot \sigma = 0{,}97 \cdot 5 = 4{,}85$. Zu Zwecken der Abschätzung kann statt σ auch s oder das Mutungsintervall von σ eingesetzt werden (vgl. (I.8) und Tafel 2).

Es stellt sich oft die Frage, welche Testsicherheit man beim Student-Test zugrundelegen soll. Man ist sich selten im klaren darüber, ob mit 95 % oder 97,5 % oder anderen Sicherheiten der Student-Test durchgeführt werden soll. Man kennt selten die Auswirkungen, die diese oder jene Testsicherheit mit sich bringt.
Hier kann man diese Fragen auf ein vernünftiges Fundament stellen. Zur Verdeutlichung dieses folgende

BEISPIEL:

Es sei eine Legierung vorgegeben, von der verlangt wird, sie dürfe 0,47 % Kohlenstoff enthalten. Allerdings seien Fehler von weniger als $\pm$ 0,03 unwesentlich. Außerdem sei der Einfachheit halber vorausgesetzt, daß man die Streuung σ des chemischen Analysenverfahrens ziemlich genau kennt. Es sei $\sigma = 0{,}025\,\%$ zu erwarten. (Das ist jedoch keine allzu gewichtige Voraussetzung, da σ durch s abgeschätzt werden kann.)
Man will, daß ein Unterschied zwischen 0,47 % und dem Kohlenstoffgehalt μ der Legierung aufgedeckt wird, wenn sich die beiden Werte um mehr als 0,03 % unterscheiden und das mit größter Sicherheit, also in 99 % aller möglichen Fälle.
Frage: Wenn man $N = 5$ Proben nur für den t-Test nehmen will, welche Sicherheit $\alpha \cdot 100\,\%$ muß man dem Student-Test zugrundelegen?
Diagramm 3 für $\beta = 0{,}99$ gibt darauf Antwort. Man liest auf der

Ordinate 1,2 ab und geht waagerecht nach rechts bis zum Schnitt der Waagerechten mit der Kurve für $N = 5$. Senkrecht nach unten liest man $\alpha \cdot 100\,\% \approx 63\,\%$ ab. Der t-Test muß also nicht mit 90 % oder 95 % Sicherheit durchgeführt werden, sondern mit 63 %.
Will man jedoch wohl mit 90 % Sicherheit prüfen, so muß man, wie das Diagramm 3c zeigt, $N = 10$ Proben nehmen.
Wie man sieht, kann man alleine durch geeignete Wahl von Aussagewahrscheinlichkeiten Proben sparen und doch noch Unterschiede, die interessieren, aufdecken und zwar mit hoher Sicherheit (im vorangegangenen Beispiel 99 % !!).
Will man jedoch die Nullhypothese $H_0: \mu \geq \mu_0$ gegen die Einshypothese $H_1: \mu < \mu_0$ prüfen, dann ist

$$\text{(IX.8)} \qquad \delta = \delta(N-1,\ t_0,\ \beta) = \frac{\sqrt{N}\,(\mu_0 - \mu_1)}{\sigma}$$

Das bedeutet, man liest dann in den Diagrammen auf der Ordinate statt

$$\frac{\mu_1 - \mu_0}{\sigma} \quad \text{jetzt} \quad \frac{\mu_0 - \mu_1}{\sigma}$$

ab. Es macht also keinen wesentlichen Unterschied, ob der gegebene Wert größer oder kleiner als der Mittelwert $\mu = \mu_1$ zur untersuchenden Grundgesamtheit ist, wenn man nur beachtet, daß es sich um einseitige Tests handelt.

Für zweiseitige t-Tests kann Diagramm 3 näherungsweise verwendet werden. Es ist in diesem Fall jedoch α durch $\alpha' = 2\alpha - 1$ zu ersetzen. Genauer bedeutet das, daß man die Testsicherheit des einseitigen t-Tests - etwa mit der Sicherheit $\alpha = 0{,}95$ - durch die des zweiseitigen Tests - somit mit der Sicherheit $\alpha' = 0{,}90$ - ersetzt. Dann allerdings prüft man nicht mehr nach, ob $\mu_1 > \mu_2$ oder $\mu_1 < \mu_2$ ist, sondern nur noch $\mu_1 \neq \mu_2$.

IX.2 Der Fall zweier Stichproben

Es seien X_1, X_2 - kurz X_i, $i=1,2$ genannt - zwei zufällige Variablen, die nach $N(\mu_i, \sigma^2)$ mit gleicher Varianz verteilt sind. Dann ist $X = X_1 - X_2$ nach $N(\mu_1 - \mu_2; (2\sigma)^2)$ verteilt.
Die Mittelwerte $\bar{x}_i$ der Realisierungen

$$(x_{i1}, \ldots\ldots, x_{iN_i})$$

sind nach $N(\mu_i, \frac{\sigma^2}{N_i})$ verteilt. Damit ist $\overline{x}_1 - \overline{x}_2$ nach

$$N(\mu_1 - \mu_2, \sigma^2 \cdot (\frac{1}{N_1} + \frac{1}{N_2}))$$

verteilt und folglich ist

$$\frac{(\overline{x}_1 - \overline{x}_2) - (\mu_1 - \mu_2)}{\sigma\sqrt{\frac{1}{N_1} + \frac{1}{N_2}}}$$

nach $N(0, 1)$ verteilt.
Ferner besitzt $(s_i^2/\sigma 2) \cdot (N_i - 1)$ eine χ^2-Verteilung mit $(N_i - 1)$ Freiheitsgraden. Nach dem Additionssatz der χ^2-Verteilung ist dann

$$\text{(IX.9)} \quad (s_1^2/\sigma^2)(N_1-1) + (s_2^2/\sigma^2)(N_2-1) = \frac{1}{\sigma^2}(s_1^2(N_1-1) + s_2^2(N_2-1)) =$$

$$= \frac{\gamma^2}{\sigma^2}$$

mit

$$\text{(IX.10)} \quad \gamma^2 = [s_1^2(N_1-1) + s_2^2(N_2-1)]$$

nach χ^2 mit (N_1+N_2-2) Freiheitsgraden verteilt.
Es ist damit

$$\text{(IX.11)} \quad t = \frac{\dfrac{(\overline{x}_1 - \overline{x}_2)}{\sigma\sqrt{\frac{1}{N_1} + \frac{1}{N_2}}}}{\sqrt{\dfrac{\gamma^2}{\sigma^2} \cdot \dfrac{1}{N_1+N_2-2}}} =$$

$$= \frac{(\bar{x}_1 - \bar{x}_2) - (\mu_1 - \mu_2)}{s} \sqrt{\frac{N_1 \cdot N_2}{N_1 + N_2}}$$

mit

$$s = \sqrt{\frac{1}{N_1+N_2-2} \cdot \sum_{i=1}^{N_1} (x_{i1} - \bar{x}_1)^2 + \sum_{i=1}^{N_2} (x_{i2} - \bar{x}_2)^2} \tag{IX.12}$$

nach der Student'schen t-Verteilung verteilt.

Unter der H_o-Hypothese ist $\mu_1 = \mu_2$, also

$$H_o\colon \mu_1 - \mu_2 = 0 \quad .$$

H_o wird zugunsten von

$$H_1\colon \mu_1 - \mu_2 > 0$$

(ohne Beschränkung der Allgemeinheit!)
abgelehnt, wenn die Testgröße

$$t = \frac{\bar{x}_1 - \bar{x}_2}{s} \sqrt{\frac{N_1 \cdot N_2}{N_1 + N_2}} > t_o = t\,(N_1+N_2-2,\ \alpha) \tag{IX.13}$$

ist. Schreibt man der Einfachheit halber

$$\mathcal{N} = \frac{N_1 \cdot N_2}{N_1 + N_2} \tag{IX.14}$$

so erhält man:

$$t = \frac{\bar{x}_1 - \bar{x}_2}{s} \sqrt{\mathcal{N}} =$$

$$= \frac{[\bar{x}_1 - \bar{x}_2 - (\mu_1 - \mu_2) + (\mu_1 - \mu_2)]\sqrt{\mathcal{N}}}{s} = \tag{IX.15}$$

$$= \frac{\dfrac{\sqrt{\mathcal{N}}\,[(\bar{x}_1-\bar{x}_2) - (\mu_1-\mu_2)]}{\sigma} + \dfrac{\sqrt{\mathcal{N}}\,(\mu_1-\mu_2)}{\sigma}}{s/\sigma}$$

t ist also nach der nichtzentralen t-Verteilung mit einem Nichtzentralitätsparameter

$$\delta = \delta\ (N_1+N_2-2,\ t_o,\ \beta) = \sqrt{\mathcal{N}} \cdot \frac{\mu_1-\mu_2}{\sigma} \qquad \text{(IX.16)}$$

und $f = (N_1+N_2-2)$ Freiheitsgraden verteilt.

Man kann zusätzlich noch folgendes feststellen:
Will man nicht einen Unterschied in den Variationskoeffizienten als wesentlich ansehen, sondern nur in den Mittelwerten, dann kann man σ mit Hilfe der Stichproben-Standardabweichung s schätzen. Man ersetzt dann σ durch eine obere Schranke von s, z.B. durch s'

$$s < \left(\frac{s^2 (N_1+N_2-2)}{\chi^2 (N_1+N_2-2,\ 1-\gamma)} \right)^{1/2} = s'$$

entsprechend (I.8) oder Tafel 2.

Die Tafeln 3, 4 und 5 geben die Werte für δ in Abhängigkeit vom Freiheitsgrad f für verschiedene α, β an.

BEISPIEL:

In einem Labor ergaben sich bei Messungen des $CaSO_4$-Gehalts durch 2 Laboranten an 2 Proben einer Lösung folgende Werte:

Probe 1 wies bei $N_1 = 24$ Einzelmessungen verschiedene Meßergebnisse auf, die sich um einen Mittelwert $\bar{x}_1 = 35{,}7$ mg bei einer Streuung von $s_1 = 1{,}7$ mg gruppierten.

Probe 2 ergab an Hand von $N_2 = 15$ Einzelbestimmungen einen mittleren Gehalt von $\bar{x}_2 = 38{,}1$ mg bei einer Streuung $s_2 = 1{,}2$ mg .

Frage: Hat Probe 1 weniger $CaSO_4$-Gehalt als Probe 2?

Obwohl diese Art der Fragestellung - wenn auch in verschiedenem Zusammenhang - in der Praxis häufig auftritt, ist sie so wie sie hier aufgeschrieben wurde, unsachgemäß. Es sollen hier verschiedene Möglichkeiten ihrer Präzisierung aufgezeigt werden.

1) Zuerst soll geprüft werden, ob beide Streuungen als gleich angesehen werden oder nicht. s_1 ist größer als s_2 (mit 99 % Sicherheit), wenn

$$\frac{s_1^2}{s_2^2} > F_{0,99}\,(N_1-1,\; N_2-1) \quad .$$

Da aber

$$\frac{s_1^2}{s_2^2} = \frac{1{,}7^2}{1{,}2^2} = 2$$

ist und $F_{0,99}\,(23,\; 14) = 3{,}4$, kann s_1 und s_2 nicht als sicher verschieden angesehen werden. (Selbst wenn wir statt 99 % nur 95 % Sicherheit gefordert hätten, würde sich an der Aussage nichts ändern, da $F_{095}\,(23,\; 14) = 2{,}3$ ist.)

s_1 und s_2 können also als gleich betrachtet und gemeinsam durch

$$s = \sqrt{\frac{1}{N_1+N_2-2} \cdot [(N_1-1)s_1^2 + (N_2-1)s_2^2]} = 1{,}55$$

ersetzt werden, ein Schätzwert für die gemeinsame Streuung σ der beiden als Grundgesamtheit aufgefaßten Lieferungen.

2) Nun stellt sich zuerst die Frage, was man unter dem Begriff "verschieden" genauer verstehen will.

Fall I:

Habe Probe 1 den wahren Mittelwert μ_1, Probe 2 den wahren Mittelwert μ_2, dann sind μ_1/σ und μ_2/σ Variationskoeffizienten beider Grundgesamtheiten.
Man kann fordern, daß erst ein Unterschied erkannt werden soll, wenn die Differenz zwischen beiden Variationskoeffizienten einen bestimmten Betrag (etwa 0,9) überschreitet; dann will man aber auch den Unterschied in fast allen, sagen wir in 99 % aller Fälle, erkennen.
Es soll also für $\beta = 0{,}99$ ein Unterschied in den Variationskoeffizienten von

$$\frac{\mu_1 - \mu_2}{\sigma} = 0{,}9$$

gerade noch erkannt werden. Man erhält hiermit aus Gleichung

$$\delta = \sqrt{\mathfrak{N}} \cdot 0{,}9 = \sqrt{\frac{N_1 \cdot N_2}{N_1 + N_2}} \cdot 0{,}9 = 2{,}74 \quad .$$

In Tafel 5 ($\beta = 0{,}99$) sucht man unter dem Freiheitsgrad $f = N_1+N_2-2 = 15 + 24 - 2 = 37$ nach und erhält, daß die Testsicherheit α des Student-Tests zwischen $\alpha = 0{,}60$ ($\delta = 2{,}580$) und $\alpha = 0{,}70$ ($\delta = 2{,}855$) liegen muß (durch lineare Interpolation erhält man mit hinreichender Genauigkeit $\alpha = 0{,}66$).

Fall II:

Es soll ein Unterschied in den Mittelwerten μ_1, μ_2 in der Größenordnung von $\mu_1 - \mu_2 = 1{,}5$ mg noch in 99 % aller Fälle erkannt werden. Ist die Genauigkeit so verlangt, daß σ durch s ersetzt werden kann, dann bildet man

$$\frac{\mu_1 - \mu_2}{\sigma} = \frac{1{,}5}{1{,}55} = 0{,}97$$

und errechnet sich ähnlich wie im Fall I ein $\delta = 2{,}95$. Aus Tafel 5 liest man eine Testsicherheit α des Student-Tests von $\alpha = 0{,}73$ ab.

Fall III:

Es soll ein Unterschied von mindestens $\mu_1 - \mu_2 = 1{,}5$ mg in rund 95 % aller Fälle erkannt werden. Man schätzt σ etwa durch $\sigma \leq 1{,}42 \cdot s = 1{,}42 \cdot 1{,}55 = 2{,}2$ (Sicherheit 0,995) ab und erhält

$$\frac{\mu_1 - \mu_2}{\sigma} = \frac{1{,}5}{2{,}2} = 0{,}68$$

und daraus wiederum

$$\delta = \sqrt{n} \cdot 0{,}68 = 2{,}04 \quad .$$

Tafel 4 zeigt für $\beta = 0{,}95$, $f = 37$ und $\delta = 2{,}04$ Werte für die Testsicherheit α des Student-Tests von $0{,}6 < \alpha < 0{,}7$, genauer $\alpha = 0{,}65$. Die Testsicherheit des Student-Tests muß also auf $\alpha = 0{,}65$ festgesetzt werden, um in ca. 95 % aller Fälle einen Unterschied der beiden Lieferungen von 1,5 mg aufdecken zu können.

Diagramm 4 gilt für den speziellen Fall $N_1 = N_2$ des Mittelwertvergleichs zweier Stichproben.

X Benutzung der Tafeln zur nichtzentralen t-Verteilung

Da eine Tafel der nichtzentralen t-Verteilung entsprechend der Parameter t_o, δ, f drei Eingänge haben müßte und bei dem nötigen Genauigkeitsgrad ein sehr umfangreiches Werk würde, benutzten Johnson und Welch ein Verfahren, das eine kürzere Vertafelung erlaubt, allerdings muß man dann die Mühen kleinerer Zwischenrechnungen auf sich nehmen.

X.1 Bestimmung des Nichtzentralitätsparameters δ

Johnson und Welch gaben 1940 Tafeln zur Berechnung des Nichtzentralitätsparameters δ an. Um den Umfang der Tabellen nicht ins Unermeßliche wachsen zu lassen, gaben sie λ-Werte entsprechend der Formel

$$(X.1) \qquad \delta(f,t_o,\gamma) = t_o - \lambda(f,t_o,\gamma) \cdot \sqrt{1 + \frac{t_o^2}{2f}}$$

an, so daß

$$(X.2) \qquad W\{T < t_o | f, \delta(f,t_o,\gamma)\} = \gamma$$

ist, wobei die Werte $\lambda(f,t_o,\gamma)$ für

$$\gamma = 0{,}5;\ 0{,}6;\ 0{,}7;\ 0{,}8;\ 0{,}9;\ 0{,}95;\ 0{,}975;\ 0{,}99;\ 0{,}995$$

dort tabelliert sind. Die Tafeln für $\gamma = 0{,}9;\ 0{,}95;\ 0{,}99$ sind als Tafeln 6 bis 8 am Ende des Buches zu finden.

Für den an den mathematischen Zusammenhängen interessierten Leser sei hier erwähnt, daß die Tabellierung der λ-Werte im engen Zusammenhang steht mit der Näherungsformel (XI.19). Der dortige Näherungswert K_α wurde durch den exakten Wert λ ersetzt.

Die Werte der Tafeln 6 bis 8 sind für

$$f = 4,\ 5,\ 6,\ 7,\ 8,\ 9,\ 16,\ 36,\ 144,\ \infty$$

gegeben. Die letzten vier f-Werte wurden aus Gründen der Interpolation gewählt. Es gilt nämlich für

$$f = 9;\ 16;\ 36;\ 144;\ \infty$$

gerade

$$12/\sqrt{f} = 4;\ 3;\ 2;\ 1;\ 0 \quad .$$

λ kann als Funktion von $12/\sqrt{f}$ aufgefaßt werden und somit ist λ leicht für Zwischenwerte zu interpolieren.
Für t_o-Werte mit

(X.3)
$$-\infty < t_o/\sqrt{2f} \leq -0{,}75 \quad \text{und}$$
$$0{,}75 \leq t_o/\sqrt{2f} < \infty$$

ist λ gegen

(X.4)
$$y = \frac{1}{\sqrt{1 + \frac{t_o^2}{2f}}}$$

aufgetragen und für

(X.5)
$$-0{,}75 \leq t_o/\sqrt{2f} \leq 0{,}75$$

ist λ gegen

(X.6)
$$y' = \frac{t_o}{\sqrt{2f}} \cdot \frac{1}{\sqrt{1 + \frac{t_o^2}{2f}}}$$

aufgetragen.
Wünscht man δ-Werte für $\gamma = 0{,}1$, $\gamma = 0{,}05$ und $\gamma = 0{,}01$, so benutzt man einfach die Tatsache, daß

(X.7)
$$\delta(f, t_o, \gamma) = -\delta(f, -t_o, 1-\gamma)$$

ist.

Beispiel 1:

Es soll $\delta(f,t_o,\gamma) = \delta(9,\ 2,\ 0{,}95)$ berechnet werden. Man bildet

$$t_o/\sqrt{2f} = 2/\sqrt{18} \approx 0{,}47 \quad .$$

Da $t_o/\sqrt{2f} \approx 0{,}47$ zwischen $-0{,}75$ und $+\ 0{,}75$ liegt, wird

$$y' = \frac{t_o}{\sqrt{2f}} \cdot \frac{1}{\sqrt{1 + \frac{t_o^2}{2f}}} = 0{,}426 \quad .$$

In Tafel 7 findet man dann $\lambda \approx 1{,}683$. Daraus erhält man gemäß

$$\delta(f,t_o,\gamma) = t_o - \lambda \sqrt{1 + \frac{t_o^2}{2f}}$$

für $\delta(9,\ 2,\ 0{,}95) = 2 - 1{,}683 \cdot 1{,}1055 = 0{,}140$.

Beispiel 2:

Es soll $\delta(f,t_o,\gamma') = \delta(14;\ -8{,}2;\ 0{,}01)$ berechnet werden. Da $\gamma' = 0{,}01$ nicht angegeben ist, aber wohl $\gamma = 1-\gamma' = 0{,}99$, so wird man zuerst $\delta(14,\ -(-8{,}2);\ 1-0{,}01) = \delta(14;\ 8{,}2;\ 0{,}99)$ berechnen und anschließend das Vorzeichen von δ ändern.
Man bildet folglich

$$t_o/\sqrt{2f} = 8{,}2/\sqrt{28} \approx 1{,}55 \quad .$$

Da $t_o/\sqrt{2f} \approx 1{,}55$ größer als 0,75 ist, wird man

$$y = \frac{1}{\sqrt{1 + \frac{t_o^2}{2f}}} = 0{,}54221$$

gebildet.

Da in Tafel 8 $f = 14$ nicht aufgetragen ist, bildet man $12/\sqrt{f} = 12/\sqrt{14} = 12 : 3{,}7417 = 3{,}207$ und interpoliert zwischen dem $(12/\sqrt{f} = 3)$-Wert , was $f = 16$ entsprechen würde und dem $(12/\sqrt{f} = 4)$-Wert , was $f = 9$ entspräche, auf folgende Art: Man sieht in Tafel 8 nach, wie groß der λ-Wert für $y = 0{,}5$ ist (und zwar bei den positiven t_o). Er ist für

$$f = 9 : \lambda = 2{,}353$$
$$f = 16 : \lambda = 2{,}349 \quad .$$

Die Differenz zwischen beiden ist $2{,}353 - 2{,}349 = 0{,}004$. Man multipliziert sie mit $3{,}207 - 3{,}0 = 0{,}207$ und zieht sie vom λ-Wert für $f = 9$ ab, da dieser der größere ist.
Man erhält für $f = 14$ somit bei $y = 0{,}5$ einen λ-Wert von

$$\lambda = 2{,}353 - 0{,}004 \cdot 0{,}207 \approx 2{,}352 \quad .$$

Auf dieselbe Art erhält man für $y = 0{,}6$ bei $f = 14$ einen λ-Wert von $\lambda = 2{,}344$.
Da das wahre $y = 0{,}54221$ zwischen $y = 0{,}5$ und $y = 0{,}6$ lag, kann man wiederum zwischen den beiden zugehörigen λ-Werten $\lambda = 2{,}352$ und $\lambda = 2{,}344$ mit hinreichender Genauigkeit linear interpolieren. Man erhält einen λ-Wert von

$$\lambda = 2{,}352 - 0{,}4221 \cdot (2{,}352-2{,}344) \approx 2{,}349 \quad .$$

Nun bildet man wieder

$$\delta = t_o - \lambda \cdot \sqrt{1 + \frac{t_o^2}{2f}} = 8{,}2 - 2{,}349 \cdot 0{,}54221 = 6{,}9264.$$

Kehrt man nun hier das Vorzeichen um, so hat man den gesuchten Wert

$$\delta(14; -8{,}2; 0{,}01) = 6{,}9264 \quad .$$

Das fortgesetzte Interpolieren scheint etwas umständlich. Doch ist meist ein so großer Genauigkeitsgrad nicht erforderlich, noch dazu, wenn man bedenkt, daß für die größeren Freiheitsgrade die zugehörigen λ-Werte nicht mehr zu stark differieren.

X.2 Bestimmung der Integralgrenzen t_o

Die Tafeln von Johnson und Welch eignen sich hauptsächlich zur Bestimmung des Nichtzentralitätsparameters δ, wofür sie berechnet wurden. Man kann mit ihnen jedoch auch bei gegebenen δ, f, γ die Integralgrenzen t_o berechnen, wobei

$$W\{T < t_o | f, \delta, \gamma\} = \gamma \tag{X.8}$$

gelten soll.

Die Berechnung von $t_o(f, \delta, \gamma)$ erfolgt iterativ. Man bildet zuerst

$$t_1 = \frac{\delta + K_\gamma \sqrt{1 + \frac{\delta^2}{2f} - \frac{K_\gamma^2}{2f}}}{\left(1 - \frac{K_\gamma^2}{2f}\right)} \tag{X.9}$$

Mit diesem t_1-Wert geht man in die dem γ entsprechende Tafel 6 bis 8 und errechnet

$$\lambda_1 = \lambda(f, t_1, \gamma) \quad .$$

Als zweiten Schritt errechnet man sich

$$t_2 = \frac{\delta + \lambda_1 \sqrt{1 + \frac{\delta^2}{2f} - \frac{\lambda_1^2}{2f}}}{\left(1 - \frac{\lambda_1^2}{2f}\right)} \quad , \tag{X.10}$$

geht mit t_2 wieder in die Tafel und errechnet sich

$$\lambda_2 = \lambda_2(f, t_2, \gamma) \quad \text{usw.}$$

so lange, bis die λ-Werte gleich bleiben. Meist ist man mit zwei oder drei Iterationen schon fertig. Wenn $\gamma = 0{,}1,\ 0{,}05,\ 0{,}01$ ist, so berechnet man $t(f, -\delta, 1-\gamma)$ und dreht das Vorzeichen um.

Für den häufig vorkommenden Fall $\gamma = 0{,}95$ sei hier die Tafel 9 nach Johnson und Welch wiedergegeben. Man berechnet

(X.11) $$\eta' = \frac{\delta}{\sqrt{2f}} \cdot \frac{1}{\sqrt{1 + \frac{\delta^2}{2f}}} ,$$

sucht in Tafel 9 λ auf und erhält t_o zu

(X.12) $$t_o(f,\delta,\epsilon) = \frac{\delta + \lambda \sqrt{1 + \frac{\delta^2}{2f} - \frac{\lambda^2}{2f}}}{(1 - \frac{\lambda^2}{2f})} .$$

Es gibt noch andere Werke, die Tafeln der nichtzentralen t-Verteilung enthalten.
Das Buch von G.J. Resnikoff und G.J. Liebermann [1] enthält Tafeln der Dichtefunktion, der kumulierten Dichte und der Integralgrenzen. Im Handbook of statistical Tables von Owen [1] findet man ebenfalls Tafeln für die Berechnung des Nichtzentralitätsparameters und der Integralgrenzen t_o. Dieses Buch ist auch sonst sehr empfehlenswert. In Owen [2] findet man Faktoren für einseitige Vertrauensgrenzwerte und für Stichprobenpläne für messende Prüfung. Es gibt auch sonst noch Aufsätze und Tabellen, die eng mit dem hier besprochenen Themenkreis zusammenhängen. Darüber gibt das Literaturverzeichnis Auskunft.

XI Approximationen der Verteilungsfunktion für die nichtzentrale t-Verteilung

XI.1 Approximation nach Halperin

Eine schnelle und einfache Approximation, die man auch gut per Hand durchführen kann, gibt Max Halperin an:

$$\text{(XI.1)} \quad W\{T(f,\delta) \le \sqrt{f}\,[\frac{\delta + t(f,\varepsilon) \cdot \chi^2(f,\ 1-\varepsilon)/\sqrt{f}}{\chi^2(f,\ 1-\varepsilon)}] \mid \delta \ge 0\} \ge 1-\varepsilon \quad \text{für} \quad \varepsilon \le 0{,}5$$

$$\text{(XI.2)} \quad W\{T(f,\delta) \le \sqrt{f}\,[\frac{\delta - t(f,\varepsilon) \cdot \chi^2(f,\varepsilon)/\sqrt{f}}{\chi^2(f,\varepsilon)}] \mid \delta \ge 0\} \le \varepsilon \quad \text{für} \quad \varepsilon \le 0{,}45$$

Daraus ergibt sich natürlich sofort

$$\text{(XI.3)} \quad W\{T(f,\delta) \ge -\sqrt{f}\,[\frac{\delta + t(f,\varepsilon) \cdot \chi^2(f,\ 1-\varepsilon)/\sqrt{f}}{\chi^2(f,\ 1-\varepsilon)}] \mid \delta \le 0\} \ge 1-\varepsilon \quad \text{für} \quad \varepsilon \le 0{,}5$$

$$\text{(XI.4)} \quad W\{T(f,\delta) \ge -\sqrt{f}\,[\frac{\delta - t(f,\varepsilon) \cdot \chi^2(f,\varepsilon)/\sqrt{f}}{\chi^2(f,\varepsilon)}] \mid \delta \le 0\} \le \varepsilon \quad \text{für} \quad \varepsilon \le 0{,}43$$

Auf diese Weise lassen sich <u>Integralgrenzen</u> $t_o(f,\varepsilon,\delta)$ oder δ angeben, wenn f,ε,δ vorgegeben sind. Man überstreicht mit diesen Approximationen fast den gesamten Bereich für

$$\text{(IX.5)} \qquad 0 \le W\{T(f,\delta) \le t_o(f,\delta,\varepsilon)\} \le 1$$

mit Ausnahme des Bereiches von

$$\text{(XI.6)} \qquad 0{,}43 \le W\{T(f,\delta) \le t_o(f,\delta,\varepsilon)\} \le 0{,}5 \quad ,$$

was jedoch nicht sehr viel ausmacht. Diese Approximationen eignen sich hauptsächlich für händische Berechnung, sowohl der Integralgrenzen der nichtzentralen t-Verteilung als auch des Nichtzentralitätsparameters δ . Auf dem Elektronenrechner müßte man erst die χ^2- und die t-Verteilung sehr gut approximieren oder als Tabellen speichern.

Vergleicht man die näherungsweise aus (XI.1) erhaltenen Integralgrenzen mit exakt berechneten, so erkennt man, daß die Näherungslösungen stets größer als die exakten sind. Die Approximation ist also konservativ.

Wie man aus Tafel 10 ersieht, ist die Annäherung nicht überaus genau, jedoch für praktische Belange meist hinreichend.

XI.2 Approximation durch Normalverteilung

a) Betrachtet man die ersten beiden Momente μ, μ_2 (Mittelwert und Varianz) der nichtzentralen t-Verteilung und setzt man t_o durch

$$W\{T(f,\delta) \leq t_o\} = \beta \; ; \quad f,\delta = \text{vorgegeben} \tag{XI.7}$$

fest, so ist $T(f,\delta)$ ungefähr nach einer Normalverteilung mit Mittelwert μ und Varianz μ_2 verteilt. Für t_o erhält man die Abschätzung

$$t_o \approx c_{11}\delta + K_\beta \sqrt{c_{22}\delta^2 + c_{20}} \tag{XI.8}$$

b) Eine andere vereinfachte Form dieser Approximation wurde von Johnson und Welch angegeben. Für wachsenden Freiheitsgrad f und unter alleiniger Beibehaltung der Hauptglieder streben die ersten 3 zentralen Momente <u>ungefähr</u> gegen

$$\mu \approx \delta \tag{XI.9}$$

$$\mu_2 \approx \left(1 + \frac{\delta^2}{2f}\right) \tag{XI.10}$$

$$\mu_3 \approx \frac{\delta}{f}\left[3 + \frac{5\delta^2}{4f}\right] \; . \tag{XI.11}$$

Da μ den Mittelwert und μ_2 die Varianz bedeutet, so erkennt man, daß die nichtzentrale t-Verteilung für $f \to \infty$ gegen eine Normalverteilung $N(\delta,\, 1 + \frac{\delta^2}{(2f)})$ mit Mittelwert δ und der Varianz $\sigma^2 = [1 + \delta^2/(2f)]$ strebt.

Damit erhält man als Abschätzung von t_o für

(XI.12) $$W\{T(f,\delta) \leq t_o(f,\delta,\beta)\} = \beta$$

(XI.13) $$t_o(f,\delta,\beta) = \delta + K_\beta \cdot \sqrt{1 + \delta^2/(2f)}$$

Aus (XI.13) errechnet man sich natürlich auch leicht den Nichtzentralitätsparameter δ für gegebenen Freiheitsgrad f und β und für die gegebene Integralgrenze t_o von (XI.7). Allerdings ist besonders bei kleinen Freiheitsgraden die Annäherung noch sehr vage, da die nichtzentrale t-Verteilung schief ist.

c) Eine bessere Approximation, die auch auf der Normalverteilung beruht, kann man sich auf folgende Weise verschaffen:
Wegen der Definitionsgleichung

(XI.14) $$W\{T(f,\delta) < t_o\} = \alpha$$

und wegen (II.1) gilt die Ungleichung

(XI.15) $$T(f,\delta) = \frac{X + \delta}{\sqrt{Y/f}} < t_o$$

mit der Wahrscheinlichkeit α. Aus (XI.15) folgt

(XI.16) $$(-X + t_o\sqrt{Y/f}) > \delta \quad .$$

Nun ist $-X$ nach $N(0,1)$ und $\sqrt{Y/f}$ nach χ^2/f verteilt. χ^2/f ist jedoch auch für kleine Freiheitsgrade f schon recht gut normalverteilt und damit auch die Summe $(-X + t_o \sqrt{Y/f})$ unabhängig von t_o. Seien Erwartungswert und Standardabweichung

(XI.17) $$E(\sqrt{Y/f}) \underset{\text{Def.}}{=} a \quad \text{und} \quad \sigma_{\sqrt{Y/f}} \underset{\text{Def.}}{=} \frac{b}{\sqrt{2f}} \quad ,$$

dann ist $(-X + t_o \sqrt{Y/f})$ ungefähr nach

$$N(a\, t_o,\ 1 + b^2 \cdot t_o^2/(2f))$$

verteilt, also mit Mittelwert $a\, t_o$ und Standardabweichung $\sigma_{\text{Approx.}} = \sqrt{1 + b^2 \cdot t_o^2/(2f)}$.

Unter der Definitionsgleichung (XI.14) gilt (XI.16) mit der Wahrscheinlichkeit α .

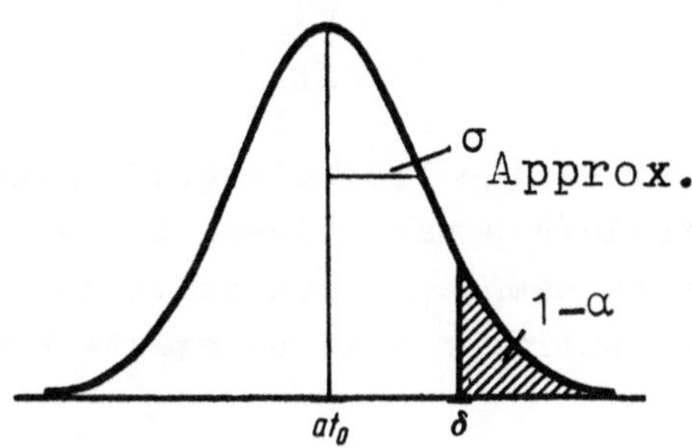

Bild 12

Nennen wir $(-X + t_0\sqrt{Y/f}) = \tilde{T}$, dann gilt nach (XI.15) und (XI.16) $W(\tilde{T} > \delta) = \alpha$ mit einem δ von $\delta = a\ t_0 + K_{1-\alpha}\ \sigma_{Approx.} = a\ t_0 - K_\alpha \cdot \sigma_{Approx.}$, wie aus Bild 12 ersichtlich, und da nach (XI.14) gerade näherungsweise für dieses δ gilt, erhält man

$$\text{(XI.18)} \qquad \delta(f,t_0,\alpha) = a\ t_0 - K_\alpha\sqrt{1 + \frac{b^2t_0^2}{2f}} \quad .$$

Daraus läßt sich auch leicht bei gegebenem f,δ,α das zugehörige $t_0(f,\delta,\beta)$ bestimmen.

Diese Annäherung wurde 1939 von Jennett und Welch angegeben. Jedoch konnte Welch noch im selben Jahr zeigen, daß man kaum Genauigkeit verliert, wenn man $a = b = 1$ setzt, man erhält also als Approximation

$$\text{(XI.19)} \qquad \delta(f,t_0,\alpha) = t_0 - K_\alpha\sqrt{1 + \frac{t_0^2}{2f}}$$

und

(XI.20)
$$t(f,\delta,\alpha) = \frac{\delta + K_\alpha \sqrt{1 - \frac{\delta^2}{2f} + \frac{K_\alpha^2}{2f}}}{1 - \frac{K_\alpha^2}{2f}}$$

Diese Näherung ist sogar für kleine Freiheitsgrade recht gut. Johnson und Welch tabellierten ihre Tafeln nach diesem Muster. In diesen Tabellen sind dann λ-Werte abzulesen, die man statt den K_α in die Formeln (XI.19), (XI.20) einzutragen hat, um exakte Werte zu erhalten.

XI.3 Approximationen für spezielle Integralgrenzen

a) Wie man gesehen hat, treten sehr oft Probleme auf, wo man Zahlen k finden muß, die

(XI.21)
$$W\{T(f,\delta) \leq k\sqrt{N} \mid \delta = K_\alpha \sqrt{N}\} = \beta$$

befriedigen. N,α,β sind vorgegeben.
Die Approximation (XI.19) bzw. (XI.20) läßt sich für k folgendermaßen umschreiben:

$$k = \frac{K_\alpha + \sqrt{K_\alpha^2 - LM}}{L}$$

mit

$$L = 1 - K_\beta^2/(2f)$$

$$M = K_\alpha^2 - K_\beta^2/N \quad .$$

b) Von C.v. Eeden stammt folgende Approximation für k :

(XI.22)

$$k = t(f,\beta)/\sqrt{N} + K_\alpha [1 + \frac{2K_\beta^2 + 1}{4f} + \frac{4K_\beta^4 + 12K_\beta^2 + 1}{32 f^2}] +$$

$$+ K_\alpha^2 \sqrt{N} [\frac{K_\beta}{4f} + \frac{K_\beta^3 + 4K_\beta}{16 f^2}] - K_\alpha^3 N [\frac{K_\beta^2 - 1}{24 f^2}] -$$

$$- K_\beta^4 N^{3/2} \cdot K_\beta / (32 f^2) .$$

$t(f,\beta)$ ist die entsprechende Integralgrenze der Student-Verteilung.

c) Aus der Approximation (XI.8) erhält man für große Werte von f die Approximation für k :

(XI.23) $$k \approx c_{11} K_\alpha + K_\beta \sqrt{c_{22} K_\alpha^2 + c_{20} /N}$$

d) Hogben, Pinkham und Wilk bemerkten, daß die Approximation

(XI.24) $$c_{11} \approx 1 + \frac{3}{4(f - 1,042)}$$

bei $f \geq 9$ auf 5 Dezimalstellen genau ist.
Da c_{22} leicht aus c_{11} zu berechnen ist, erhält man die bessere Approximation für k :

(XI.25) $$k \approx c_{11} K_\alpha + K_\beta \sqrt{c_{22} K_\alpha^2 + c_{20}/N} .$$

Ersetzt man K_β durch die Student'sche Integralgrenze $t(f,\beta)$ gemäß $W\{T \leq t(f,\beta) \mid \delta = 0\} = \beta$, so erhält man

(XI.26) $$k \approx c_{11} K_\alpha + t(f,\beta) \cdot \sqrt{c_{22} K_\alpha^2 + c_{20}/N} .$$

Owen verglich diese Approximationen miteinander und stellte fest, daß keine der hier angegebenen 4 die eindeutige Beste ist.

Sollen die vier Näherungen explizit angegeben werden, so erhält man sie durch Ausrechnen:

A p p r o x i m a t i o n A :

$$k = \frac{K_\alpha + NK_\alpha^2 (2f - NK_\beta - 1) - K_\beta^2 + K_\beta^4}{2fN \cdot (1 - \frac{K_\beta^2}{2f})} \tag{A}$$

A p p r o x i m a t i o n B :

ist mit Formel (XI.22) identisch.

A p p r o x i m a t i o n C :

erhält man aus (XI.24), (XI.25) in der Form

$$k = K_\alpha + \frac{3\ K_\alpha}{4f - 4{,}168} + K_\beta \cdot W \tag{C}$$

und A p p r o x i m a t i o n D :

aus (XI.26) in folgender Art

$$k = K_\alpha + \frac{3\ K_\alpha}{4f - 4{,}168} + t(f,\beta) \cdot W \quad , \tag{D}$$

wobei bei den Approximationen C und D

$$W = \frac{Nf^2(32 - 24K_\alpha) + Nf(15K_\alpha - 66{,}688) + N(34{,}744 - 32{,}016\ K_\alpha)}{16\ N(f - 2)\ (f - 1{,}042)^2}$$

ist.

Vergleicht man diese Näherungen mit den exakten Werten, so kann man zumindest für bestimmte Bereiche der Parameter α, β, N die günstigsten Approximationen unter den vier vorhandenen auswählen. Owen hat dies getan und seine Ergebnisse lassen sich folgendermaßen zusammenfassen:

Für $ß = 0{,}90$

und $\alpha = 0{,}75$ ist die Approximation B die beste, während für $\alpha = 0{,}90$, $\alpha = 0{,}95$, $\alpha = 0{,}975$, $\alpha = 0{,}99$ bis $N = 15$ die Näherung C zu empfehlen ist und für größere Werte von N die Näherung D .

Für $ß = 0{,}95$

und $\alpha = 0{,}75$ ist wieder B vorzuziehen, während für $\alpha = 0{,}9$, $\alpha = 0{,}95$, $\alpha = 0{,}975$, $\alpha = 0{,}99$ bis $N = 10$ die Näherung D für $N > 10$ A vorzuziehen ist.

Für $ß = 0{,}99$

wird bei $\alpha = 0{,}75$ wieder B vorzuziehen sein, bei $\alpha = 0{,}9$ bis $N = 15$ ebenfalls E und für $N > 15$ A . Für $\alpha = 0{,}95$, $\alpha = 0{,}975$, $\alpha = 0{,}99$ ist A der Vorzug zu geben.

Die Approximationen sind dann mindestens auf 0,05 genau, bei größeren Freiheitsgraden noch wesentlich genauer. Wenn Ungenauigkeiten sich bei niedrigeren Freiheitsgraden einschleichen, so fällt das in der Regel nicht sehr ins Gewicht, weil in dem Bereich die gesuchten k-Werte sowieso sehr groß sind.

A n h a n g

Tafeln und Diagramme

Tafel 1

N	90 %	95 %	99 %
2	4,465	8,987	45,015
3	1,686	2,484	5,730
4	1,177	1,591	2,921
5	0,953	1,241	2,059
6	0,823	1,050	1,646
7	0,734	0,925	1,401
8	0,670	0,836	1,237
9	0,620	0,769	1,118
10	0,580	0,715	1,028
11	0,546	0,672	0,956
12	0,519	0,635	0,897
13	0,494	0,604	0,847
14	0,473	0,577	0,805
15	0,455	0,554	0,769
16	0,438	0,533	0,737
17	0,424	0,514	0,708
18	0,410	0,497	0,683
19	0,399	0,482	0,660
20	0,387	0,468	0,640
21	0,376	0,455	0,621
22	0,367	0,444	0,604
23	0,358	0,433	0,588
24	0,350	0,422	0,573
25	0,342	0,413	0,559

N	90 %	95 %	99 %
26	0,335	0,404	0,547
27	0,328	0,396	0,535
28	0,322	0,388	0,524
29	0,316	0,380	0,513
30	0,310	0,373	0,503
40	0,266	0,320	0,428
50	0,237	0,284	0,379
60	0,216	0,258	0,344
80	0,186	0,223	0,295
100	0,166	0,198	0,263
200	0,117	0,139	0,184
500	0,074	0,088	0,116

Beispiel: Stichprobengröße N = 10

beidseitige Sicherheit 95 %: $\bar{x} - 0{,}715\,s < \mu < \bar{x} + 0{,}715\,s$

einseitige Sicherheit 97,5 %: $\bar{x} - 0{,}715\,s < \mu$

oder $\mu < \bar{x} + 0{,}715\,s$

T a f e l 1

Faktoren zur Schätzung der Genauigkeit des Mittelwerts μ einer Normalverteilung bei beidseitiger Sicherheit von 90 %, 95 %, 99 % (bzw. einseitiger Sicherheit von 95 %, 97,5 %, 99,5 %).

T a f e l 2

N	90 % Sicherheit		95 % Sicherheit		99 % Sicherheit	
	a_u	a_o	a_u	a_o	a_u	a_o
2	0,510	16,013	0,446	31,622	0,356	-
3	0,578	4,406	0,521	6,287	0,428	14,142
4	0,620	2,920	0,566	3,727	0,483	6,468
5	0,649	2,372	0,599	2,875	0,519	4,394
6	0,672	2,099	0,624	2,453	0,546	3,484
7	0,690	1,916	0,644	2,202	0,569	2,979
8	0,705	1,797	0,661	2,035	0,588	2,660
9	0,718	1,711	0,675	1,916	0,604	2,439
10	0,729	1,645	0,688	1,826	0,618	2,278
11	0,739	1,593	0,699	1,755	0,630	2,154
12	0,748	1,551	0,708	1,698	0,641	2,056
13	0,755	1,515	0,717	1,651	0,651	1,976
14	0,762	1,485	0,725	1,611	0,660	1,910
15	0,769	1,460	0,732	1,577	0,669	1,853
16	0,775	1,437	0,739	1,548	0,676	1,806
17	0,780	1,417	0,745	1,522	0,683	1,764
18	0,785	1,400	0,750	1,499	0,690	1,727
19	0,790	1,384	0,756	1,479	0,696	1,695
20	0,794	1,370	0,760	1,460	0,702	1,666
21	0,798	1,358	0,765	1,444	0,707	1,640
22	0,802	1,346	0,769	1,429	0,712	1,617
23	0,805	1,335	0,773	1,415	0,717	1,595
24	0,808	1,325	0,777	1,403	0,722	1,576
25	0,812	1,316	0,781	1,391	0,726	1,558

N	90 % Sicherheit		95 % Sicherheit		99 % Sicherheit	
	a_u	a_o	a_u	a_o	a_u	a_o
26	0,815	1,308	0,784	1,380	0,730	1,542
27	0,818	1,300	0,788	1,370	0,734	1,526
28	0,820	1,293	0,791	1,361	0,737	1,512
29	0,823	1,286	0,794	1,352	0,741	1,499
30	0,825	1,280	0,796	1,344	0,744	1,487
35	0,836	1,253	0,809	1,310	0,759	1,435
40	0,845	1,232	0,819	1,284	0,772	1,397
45	0,853	1,215	0,828	1,263	0,782	1,366
50	0,859	1,202	0,835	1,246	0,791	1,341
60	0,870	1,180	0,848	1,220	0,806	1,303
70	0,878	1,165	0,857	1,200	0,818	1,274
80	0,885	1,152	0,865	1,184	0,828	1,252
90	0,891	1,142	0,872	1,172	0,837	1,235
100	0,896	1,134	0,878	1,162	0,844	1,220
200	0,924	1,090	0,911	1,109	0,885	1,147
300	0,937	1,072	0,926	1,087	0,904	1,117
400	0,945	1,062	0,935	1,074	0,916	1,099
500	0,951	1,055	0,942	1,066	0,924	1,088
700	0,958	1,046	0,950	1,055	0,935	1,074
1.000	0,964	1,038	0,958	1,046	0,945	1,061

Es wird σ abgeschätzt durch: $a_u s < \sigma < a_o s$

Tafel 2

Faktoren zur Schätzung der Genauigkeit der Streuung σ einer Normalverteilung bei einer beidseitigen Sicherheit von 90 %, 95 %, 99 % (bzw. einseitigen Sicherheit von 95 %, 97,5 %, 99,5 %).

Anwendungsbeispiel zu Tafel 2:

Stichprobengröße N = 10

beidseitige Sicherheit 95 % : $0{,}688\ s < \sigma < 1{,}826\ s$

einseitige Sicherheit 97,5 % : $0{,}688\ s < \sigma$

oder $\sigma < 1{,}826\ s$

f \ α	0,60	0,70	0,80	0,90	0,95	0,975	0,99
4	1,541	1,840	2,231	2,892	3,601	4,394	5,639
5	1,540	1,834	2,207	2,816	3,432	4,094	5,068
6	1,539	1,828	2,194	2,767	3,329	3,913	4,730
7	1,537	1,825	2,182	2,734	3,264	3,796	4,533
8	1,538	1,822	2,174	2,710	3,214	3,712	4,386
9	1,538	1,820	2,168	2,693	3,177	3,651	4,282
16	1,537	1,813	2,148	2,633	3,059	3,455	3,951
36	1,535	1,809	2,135	2,594	2,987	3,336	3,748
144	1,535	1,807	2,126	2,571	2,942	3,285	3,645

Tafel 3

δ-Werte zur Bestimmung der Teststärke des Student'schen t-Tests für ß = 90 %

f \ α	0,60	0,70	0,80	0,90	0,95	0,975	0,99
4	1,905	2,210	2,616	3,310	4,068	4,925	6,285
5	1,905	2,202	2,586	3,219	3,869	4,575	5,624
6	1,903	2,196	2,569	3,162	3,751	4,367	5,251
7	1,903	2,191	2,556	3,125	3,674	4,232	5,011
8	1,901	2,188	2,547	3,096	3,618	4,137	4,844
9	1,902	2,186	2,539	3,075	3,575	4,067	4,725
16	1,900	2,178	2,516	3,007	3,440	3,845	4,352
36	1,899	2,174	2,500	2,962	3,357	3,709	4,126
144	1,898	2,170	2,489	2,935	3,307	3,657	4,012

Tafel 4

δ-Werte zur Bestimmung der Teststärke des Student'schen t-Tests für ß = 95 %

f \ α	0,60	0,70	0,80	0,90	0,95	0,975	0,99
4	2,591	2,905	3,340	4,104	4,950	5,944	7,515
5	2,589	2,898	3,299	3,979	4,695	5,507	6,683
6	2,586	2,886	3,278	3,911	4,547	5,226	6,227
7	2,585	2,879	3,258	3,858	4,451	5,062	5,920
8	2,583	2,873	3,243	3,819	4,374	4,938	5,711
9	2,585	2,873	3,235	3,794	4,323	4,849	5,562
16	2,583	2,863	3,205	3,708	4,155	4,576	5,107
36	2,580	2,855	3,185	3,652	4,053	4,411	4,836
144	2,579	2,852	3,171	3,619	3,991	4,353	4,700

T a f e l 5

δ-Werte zur Bestimmung der Teststärke des Student'schen t-Tests

für ß = 99 %

t_o	y'	y	f=4	5	6	7	8	9	16	36	144	∞
								$12/\sqrt{f}$ =4	3	2	1	0
-∞	-1,0	0,0	2,32	2,33	2,33	2,34	2,34	2,340	2,343	2,342	2,337	2,326
		0,1	2,32	2,33	2,33	2,34	2,34	2,339	2,342	2,342	2,337	2,326
		0,2	2,32	2,32	2,33	2,33	2,33	2,335	2,339	2,339	2,335	2,326
		0,3	2,31	2,32	2,32	2,32	2,33	2,328	2,334	2,335	2,333	2,326
		0,4	2,30	2,31	2,31	2,32	2,32	2,320	2,327	2,330	2,330	2,326
		0,5	2,29	2,30	2,30	2,30	2,31	2,310	2,318	2,324	2,327	2,326
		0,6	2,27	2,28	2,29	2,29	2,30	2,299	2,310	2,318	2,323	2,326
		0,7	2,26	2,27	2,28	2,28	2,29	2,289	2,301	2,311	2,320	2,326
	-0,6	0,8	2,25	2,26	2,27	2,28	2,28	2,282	2,295	2,307	2,317	2,326
Negativ	-0,6	0,8	2,25	2,26	2,27	2,28	2,28	2,282	2,295	2,307	2,317	2,326
	-0,5		2,26	2,26	2,27	2,28	2,28	2,282	2,294	2,306	2,317	2,326
	-0,4		2,26	2,27	2,28	2,28	2,28	2,286	2,297	2,307	2,317	2,326
	-0,3		2,28	2,28	2,29	2,29	2,29	2,293	2,302	2,310	2,319	2,326
	-0,2		2,29	2,30	2,30	2,30	2,30	2,303	2,309	2,315	2,321	2,326
	-0,1		2,31	2,31	2,31	2,31	2,31	2,315	2,318	2,320	2,323	2,326
0	0,0	1,0	2,33	2,33	2,33	2,33	2,33	2,326	2,326	2,326	2,326	2,326
	0,1		2,34	2,34	2,34	2,34	2,34	2,337	2,335	2,332	2,329	2,326
	0,2		2,35	2,35	2,35	2,35	2,35	2,347	2,342	2,337	2,332	2,326
	0,3		2,36	2,36	2,36	2,36	2,35	2,353	2,347	2,341	2,334	2,326
	0,4		2,36	2,36	2,36	2,36	2,36	2,356	2,350	2,343	2,335	2,326
	0,5		2,36	2,36	2,36	2,36	2,35	2,353	2,349	2,343	2,335	2,326
	0,6	0,8	2,34	2,34	2,34	2,34	2,34	2,344	2,343	2,340	2,334	2,326
Positiv	0,6	0,8	2,34	2,34	2,34	2,34	2,34	2,344	2,343	2,340	2,334	2,326
		0,7	2,30	2,31	2,32	2,32	2,32	2,324	2,329	2,332	2,330	2,326
		0,6	2,26	2,27	2,28	2,29	2,30	2,299	2,313	2,322	2,326	2,326
		0,5	2,21	2,23	2,25	2,26	2,27	2,274	2,296	2,312	2,322	2,326
		0,4	2,16	2,19	2,21	2,23	2,24	2,250	2,280	2,302	2,317	2,326
		0,3	2,12	2,16	2,19	2,20	2,22	2,229	2,267	2,294	2,314	2,326
		0,2	2,09	2,13	2,16	2,19	2,20	2,213	2,256	2,288	2,311	2,326
		0,1	2,07	2,12	2,15	2,17	2,19	2,203	2,250	2,285	2,309	2,326
∞	1,0	0,0	2,06	2,11	2,15	2,17	2,19	2,199	2,247	2,283	2,309	2,326

<u>T a f e l 6</u>

λ-Werte nach Johnson und Welch für $\gamma = 0{,}99$ (vgl. X)

t_o	y'	y	f=4	5	6	7	8	9	16	36	144	∞
								$12/\sqrt{f}$ =4	3	2	1	0
−∞	-1,0	0,0	1,528	1,543	1,554	1,563	1,569	1,5744	1,5952	1,6141	1,6307	1,6449
		0,1	1,527	1,543	1,554	1,562	1,569	1,5742	1,5950	1,6139	1,6306	1,6449
		0,2	1,527	1,542	1,553	1,562	1,568	1,5736	1,5945	1,6135	1,6303	1,6449
		0,3	1,526	1,542	1,553	1,561	1,567	1,5728	1,5937	1,6129	1,6300	1,6449
		0,4	1,526	1,541	1,552	1,560	1,567	1,5720	1,5930	1,6122	1,6295	1,6449
		0,5	1,526	1,541	1,552	1,560	1,566	1,5717	1,5924	1,6116	1,6291	1,6449
		0,6	1,529	1,543	1,553	1,561	1,567	1,5724	1,5926	1,6115	1,6289	1,6449
		0,7	1,534	1,548	1,557	1,565	1,570	1,5751	1,5942	1,6123	1,6292	1,6449
Negativ	-0,6	0,8	1,546	1,557	1,566	1,572	1,577	1,5816	1,5986	1,6149	1,6303	1,6449
	-0,6	0,8	1,546	1,557	1,566	1,572	1,577	1,5816	1,5986	1,6149	1,6303	1,6449
	-0,5		1,559	1,569	1,576	1,581	1,586	1,5895	1,6041	1,6183	1,6319	1,6449
	-0,4		1,575	1,582	1,588	1,593	1,596	1,5990	1,6110	1,6226	1,6339	1,6449
	-0,3		1,592	1,597	1,602	1,605	1,608	1,6097	1,6187	1,6276	1,6363	1,6449
	-0,2		1,609	1,613	1,616	1,618	1,620	1,6212	1,6272	1,6331	1,6390	1,6449
	-0,1		1,627	1,629	1,630	1,632	1,632	1,6332	1,6360	1,6390	1,6419	1,6449
0	0,0	1,0	1,645	1,645	1,645	1,645	1,645	1,6449	1,6449	1,6449	1,6449	1,6449
	0,1		1,661	1,660	1,658	1,658	1,657	1,6561	1,6534	1,6506	1,6478	1,6449
	0,2		1,676	1,673	1,671	1,669	1,668	1,6665	1,6614	1,6561	1,6506	1,6449
	0,3		1,688	1,684	1,681	1,679	1,677	1,6756	1,6686	1,6610	1,6531	1,6449
	0,4		1,697	1,693	1,690	1,687	1,685	1,6830	1,6745	1,6652	1,6553	1,6449
	0,5		1,702	1,698	1,695	1,692	1,690	1,6881	1,6789	1,6685	1,6571	1,6449
	0,6	0,8	1,703	1,700	1,697	1,695	1,693	1,6906	1,6815	1,6707	1,6584	1,6449
Positiv	0,6	0,8	1,703	1,700	1,697	1,695	1,693	1,6906	1,6815	1,6707	1,6584	1,6449
		0,7	1,696	1,695	1,694	1,692	1,691	1,6895	1,6817	1,6714	1,6590	1,6449
		0,6	1,685	1,687	1,687	1,687	1,686	1,6855	1,6797	1,6706	1,6588	1,6449
		0,5	1,673	1,677	1,680	1,680	1,680	1,6803	1,6767	1,6691	1,6583	1,6449
		0,4	1,661	1,668	1,672	1,674	1,675	1,6750	1,6735	1,6674	1,6576	1,6449
		0,3	1,651	1,660	1,665	1,668	1,670	1,6704	1,6706	1,6658	1,6569	1,6449
		0,2	1,643	1,654	1,660	1,663	1,666	1,6669	1,6684	1,6645	1,6564	1,6449
		0,1	1,639	1,650	1,657	1,661	1,663	1,6646	1,6670	1,6637	1,6560	1,6449
∞	1,0	0,0	1,636	1,648	1,655	1,660	1,662	1,6638	1,6665	1,6634	1,6559	1,6449

T a f e l 7

λ-Werte nach Johnson und Welch für $\gamma = 0{,}95$ (vgl. X)

t_o	y'	y	f=4	5	6	7	8	9	16	36	144	∞
								$12/\sqrt{f}$ =4	3	2	1	0
−∞	-1,0	0,0	1,116	1,136	1,150	1,161	1,169	1,1765	1,2049	1,2319	1,2575	1,2816
		0,1	1,116	1,136	1,150	1,161	1,170	1,1768	1,2051	1,2321	1,2576	1,2816
		0,2	1,118	1,137	1,151	1,162	1,171	1,1777	1,2057	1,2325	1,2578	1,2816
		0,3	1,121	1,140	1,154	1,164	1,172	1,1793	1,2069	1,2332	1,2581	1,2816
Negativ		0,4	1,125	1,143	1,157	1,167	1,175	1,1819	1,2087	1,2343	1,2586	1,2816
		0,5	1,131	1,149	1,162	1,171	1,179	1,1856	1,2114	1,2360	1,2594	1,2816
		0,6	1,140	1,157	1,169	1,178	1,185	1,1912	1,2153	1,2385	1,2606	1,2816
		0,7	1,153	1,168	1,179	1,187	1,194	1,1992	1,2210	1,2421	1,2623	1,2816
	-0,6	0,8	1,173	1,185	1,194	1,201	1,206	1,2110	1,2295	1,2475	1,2649	1,2816
	-0,6	0,8	1,173	1,185	1,194	1,201	1,206	1,2110	1,2295	1,2475	1,2649	1,2816
	-0,5		1,191	1,201	1,208	1,214	1,218	1,2222	1,2376	1,2527	1,2673	1,2816
	-0,4		1,209	1,217	1,223	1,227	1,231	1,2338	1,2461	1,2582	1,2700	1,2816
	-0,3		1,228	1,233	1,238	1,241	1,244	1,2458	1,2548	1,2639	1,2728	1,2816
	-0,2		1,246	1,250	1,253	1,255	1,256	1,2578	1,2638	1,2697	1,2757	1,2816
	-0,1		1,264	1,266	1,267	1,268	1,269	1,2698	1,2727	1,2756	1,2786	1,2816
0	0,0	1,0	1,282	1,282	1,282	1,282	1,282	1,2816	1,2816	1,2816	1,2816	1,2816
	0,1		1,298	1,297	1,295	1,294	1,294	1,2929	1,2902	1,2874	1,2845	1,2816
	0,2		1,313	1,310	1,308	1,306	1,305	1,3038	1,2985	1,2930	1,2873	1,2816
	0,3		1,327	1,323	1,320	1,318	1,316	1,3140	1,3064	1,2984	1,2901	1,2816
	0,4		1,340	1,335	1,331	1,328	1,326	1,3233	1,3137	1,3035	1,2927	1,2816
	0,5		1,350	1,345	1,341	1,337	1,334	1,3316	1,3204	1,3082	1,2952	1,2816
	0,6	0,8	1,358	1,353	1,349	1,345	1,342	1,3387	1,3263	1,3124	1,2974	1,2816
Positiv	0,6	0,8	1,358	1,353	1,349	1,345	1,342	1,3387	1,3263	1,3124	1,2974	1,2816
		0,7	1,365	1,360	1,355	1,352	1,348	1,3453	1,3320	1,3166	1,2997	1,2816
		0,6	1,367	1,363	1,359	1,355	1,352	1,3492	1,3354	1,3193	1,3012	1,2816
		0,5	1,368	1,365	1,361	1,358	1,354	1,3516	1,3377	1,3210	1,3021	1,2816
		0,4	1,369	1,366	1,362	1,359	1,356	1,3531	1,3392	1,3222	1,3028	1,2816
		0,3	1,369	1,367	1,363	1,360	1,357	1,3541	1,3401	1,3229	1,3032	1,2816
		0,2	1,370	1,367	1,364	1,361	1,358	1,3548	1,3408	1,3234	1,3035	1,2816
		0,1	1,370	1,367	1,364	1,361	1,358	1,3552	1,3411	1,3237	1,3037	1,2816
∞	1,0	0,0	1,370	1,368	1,364	1,361	1,358	1,3554	1,3413	1,3238	1,3038	1,2816

Tafel 8

λ-Werte nach Johnson und Welch für $\gamma = 0{,}9$ (vgl. X)

η' \ f	4	5	6	7	8	9	16	36	144	∞
1,0	1,636	1,648	1,655	1,660	1,662	1,6638	1,6665	1,6634	1,6559	1,6449
0,9	1,643	1,655	1,662	1,666	1,668	1,6695	1,6711	1,6667	1,6576	1,6449
0,8	1,650	1,662	1,668	1,672	1,674	1,6747	1,6751	1,6691	1,6586	1,6449
0,7	1,657	1,668	1,674	1,677	1,679	1,6796	1,6782	1,6707	1,6589	1,6449
0,6	1,664	1,675	1,680	1,682	1,684	1,6838	1,6804	1,6714	1,6587	1,6449
0,5	1,671	1,681	1,686	1,687	1,687	1,6871	1,6817	1,6709	1,6580	1,6449
0,4	1,679	1,687	1,690	1,691	1,691	1,6896	1,6816	1,6698	1,6568	1,6449
0,3	1,687	1,693	1,694	1,693	1,692	1,6902	1,6804	1,6677	1,6550	1,6449
0,2	1,693	1,697	1,696	1,694	1,692	1,6898	1,6779	1,6646	1,6529	1,6449
0,1	1,698	1,699	1,697	1,693	1,690	1,6874	1,6738	1,6606	1,6504	1,6449
0,0	1,703	1,699	1,695	1,690	1,686	1,6827	1,6682	1,6558	1,6477	1,6449
-0,1	1,702	1,695	1,689	1,684	1,679	1,6756	1,6611	1,6503	1,6447	1,6449
-0,2	1,698	1,688	1,680	1,674	1,669	1,6657	1,6525	1,6442	1,6417	1,6449
-0,3	1,687	1,676	1,667	1,661	1,657	1,6535	1,6427	1,6378	1,6388	1,6449
-0,4	1,670	1,658	1,650	1,645	1,642	1,6391	1,6322	1,6314	1,6359	1,6449
-0,5	1,646	1,636	1,630	1,627	1,624	1,6231	1,6213	1,6252	1,6334	1,6449
-0,6	1,615	1,610	1,607	1,606	1,606	1,6066	1,6108	1,6195	1,6313	1,6449
-0,7	1,582	1,583	1,585	1,587	1,589	1,5911	1,6019	1,6150	1,6299	1,6449
-0,8	1,551	1,559	1,565	1,571	1,575	1,5792	1,5954	1,6122	1,6291	1,6449
-0,9	1,531	1,544	1,553	1,561	1,567	1,5722	1,5925	1,6116	1,6292	1,6449
-1,0	1,528	1,543	1,554	1,563	1,569	1,5744	1,5952	1,6141	1,6307	1,6449

T a f e l 9

λ-Werte als Funktion von δ nach Johnson und Welch für $\gamma = 0{,}95$ (vgl. X)

Freiheitsgrad f	$\gamma = 0{,}995$	$\gamma = 0{,}99$	$\gamma = 0{,}95$	$\gamma = 0{,}90$
4	13,2 %	12,7 %	10,9 %	9,5 %
5	9,7 %	12,2 %	10,0 %	8,8 %
6	12,0 %	11,6 %	9,7 %	8,8 %
7	12,2 %	11,2 %	9,7 %	8,2 %
8	11,3 %	11,0 %	9,4 %	7,7 %
9	10,8 %	10,5 %	9,0 %	7,6 %

Tafel 10 a

Prozentualer Fehler bei der Approximation von $t_0(f,\delta,\gamma)$ nach Halperin für $\delta = 3{,}0902\ f + 1$ (Die Größenordnung von t_0 liegt zwischen rund $t_0 = 5$ und $t_0 = 17$).

Freiheitsgrad f	$\gamma = 0{,}995$	$\gamma = 0{,}99$	$\gamma = 0{,}95$	$\gamma = 0{,}90$
4	21,0 %	20,7 %	19,4 %	17,5 %
5	20,0 %	19,6 %	17,5 %	16,2 %
6	19,4 %	19,0 %	16,5 %	16,1 %
7	19,0 %	18,3 %	16,8 %	14,9 %
8	18,1 %	17,6 %	16,3 %	13,7 %
9	17,7 %	17,5 %	15,3 %	14,0 %

Tafel 10 b

Prozentuale Fehler bei der Approximation von $t_0(f,\delta,\gamma)$ nach Halperin für $\delta = 0{,}6745\ f + 1$ (Die Größenordnung von t_0 liegt zwischen rund $t_0 = 1{,}3$ und $t_0 = 5{,}6$).
(Beide Tafeln nach M. Halperin verändert)

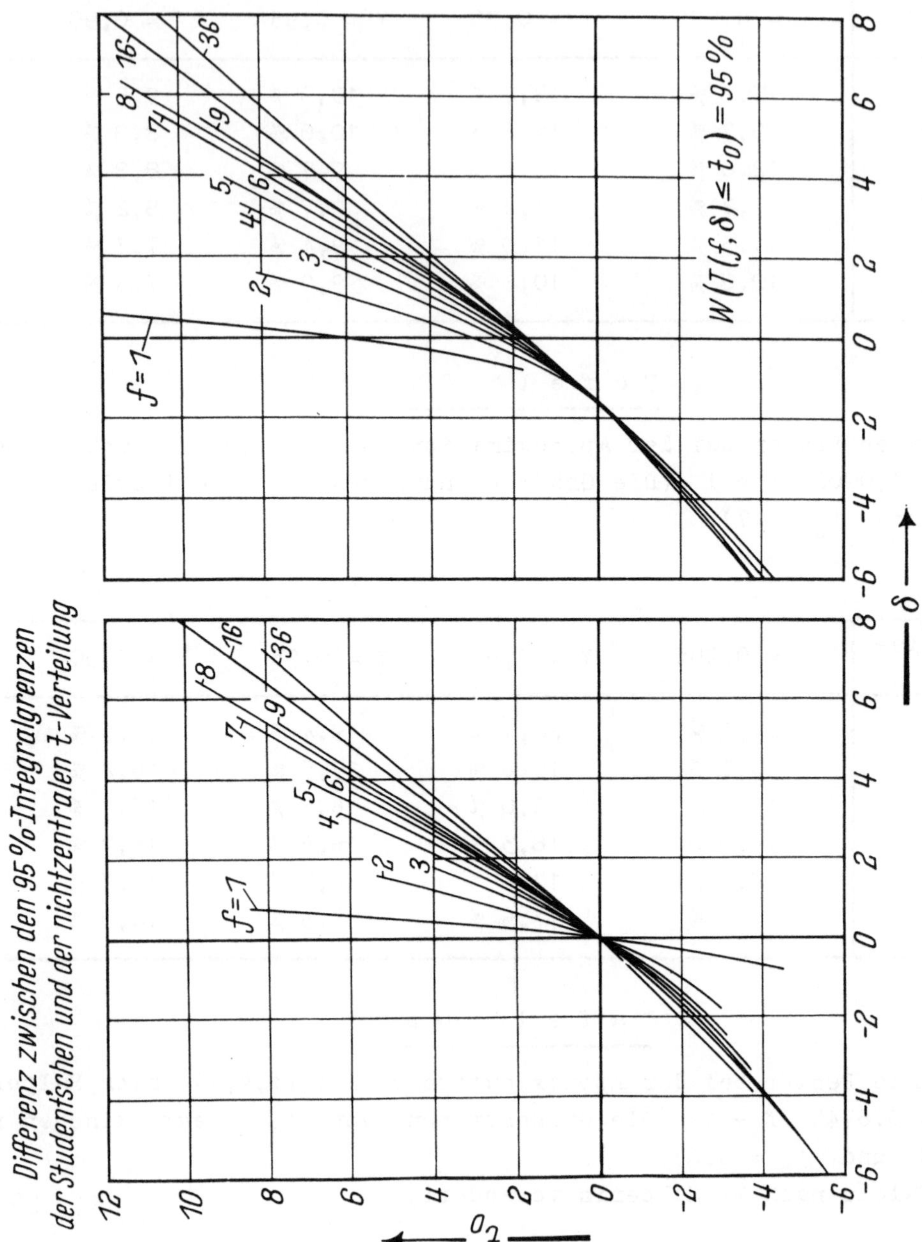

Diagramm 1

rechts: 95 %-Integralgrenzen der nichtzentralen t-Verteilung in Abhängigkeit vom Nichtzentralitätsparameter δ und dem Freiheitsgrad f .

links: Differenz zwischen den 95 %-Integralgrenzen der Student'schen und der nichtzentralen t-Verteilung.

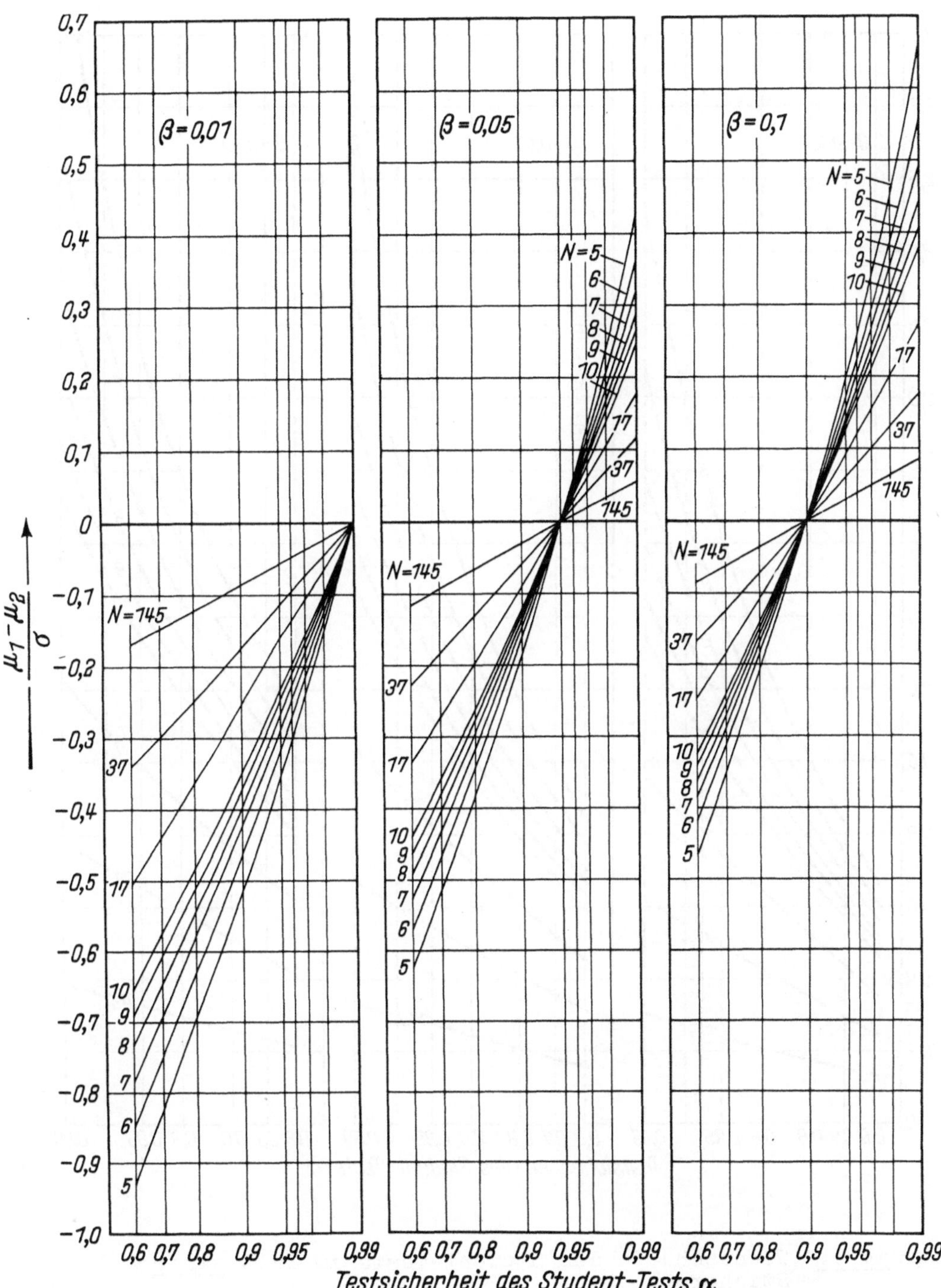

Diagramm 2: Trennschärfe des Student-Tests im Fall einer Stichprobe

Bei einer gewählten Sicherheit α des Student'schen t-Tests wird in ß · 100 % aller Fälle ein Unterschied, der sich durch $\frac{\mu_1-\mu_2}{\sigma}$ ausdrücken läßt, als signifikant erkannt (N=Stichprobengröße).

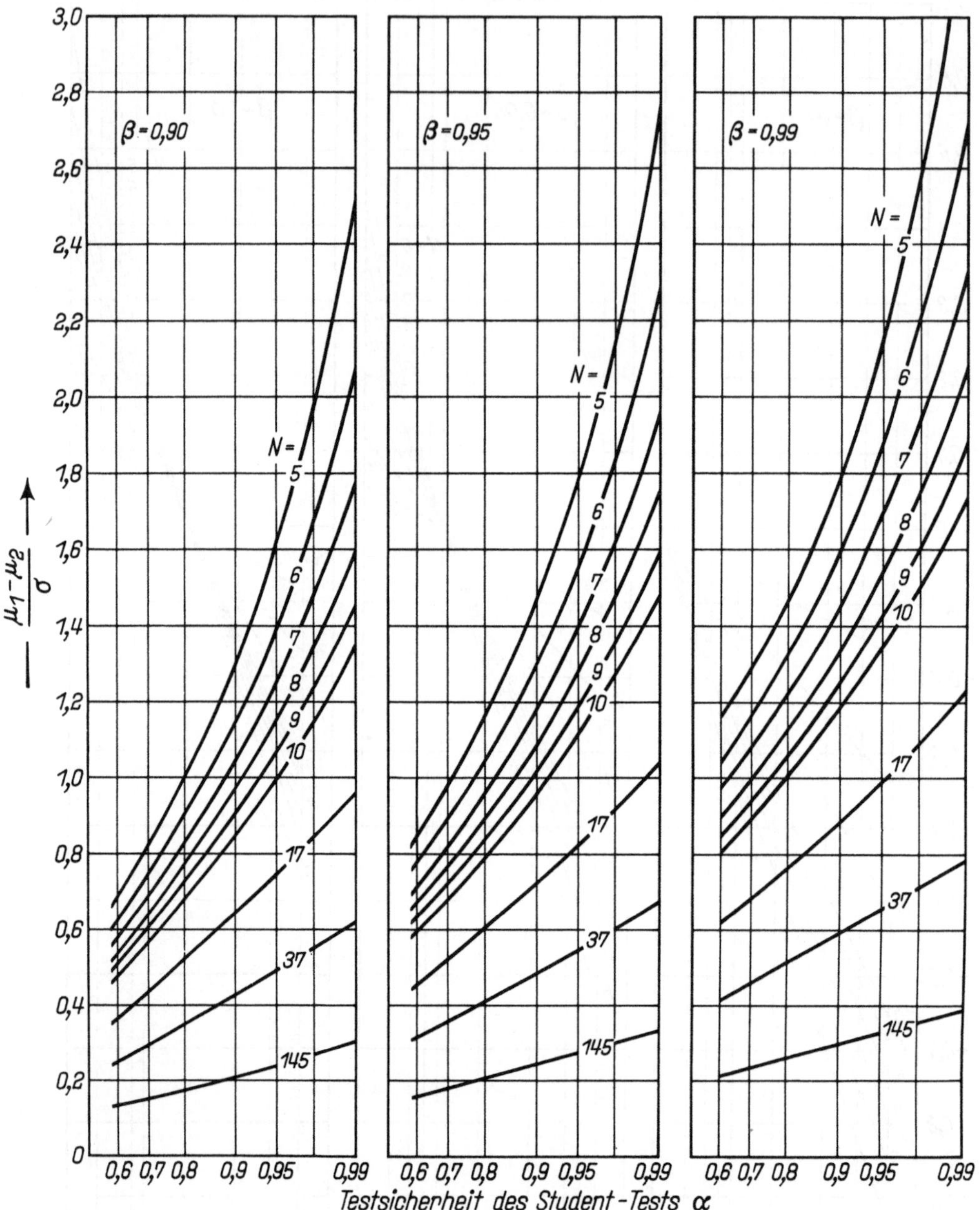

Diagramm 3: Trennschärfe des Student-Tests im Fall einer Stichprobe

Bei einer gewählten Sicherheit α des Student'schen t-Tests wird in ß · 100 % aller Fälle ein Unterschied, der sich durch $\frac{\mu_1-\mu_2}{\sigma}$ ausdrücken läßt, als signifikant erkannt (N=Stichprobengröße).

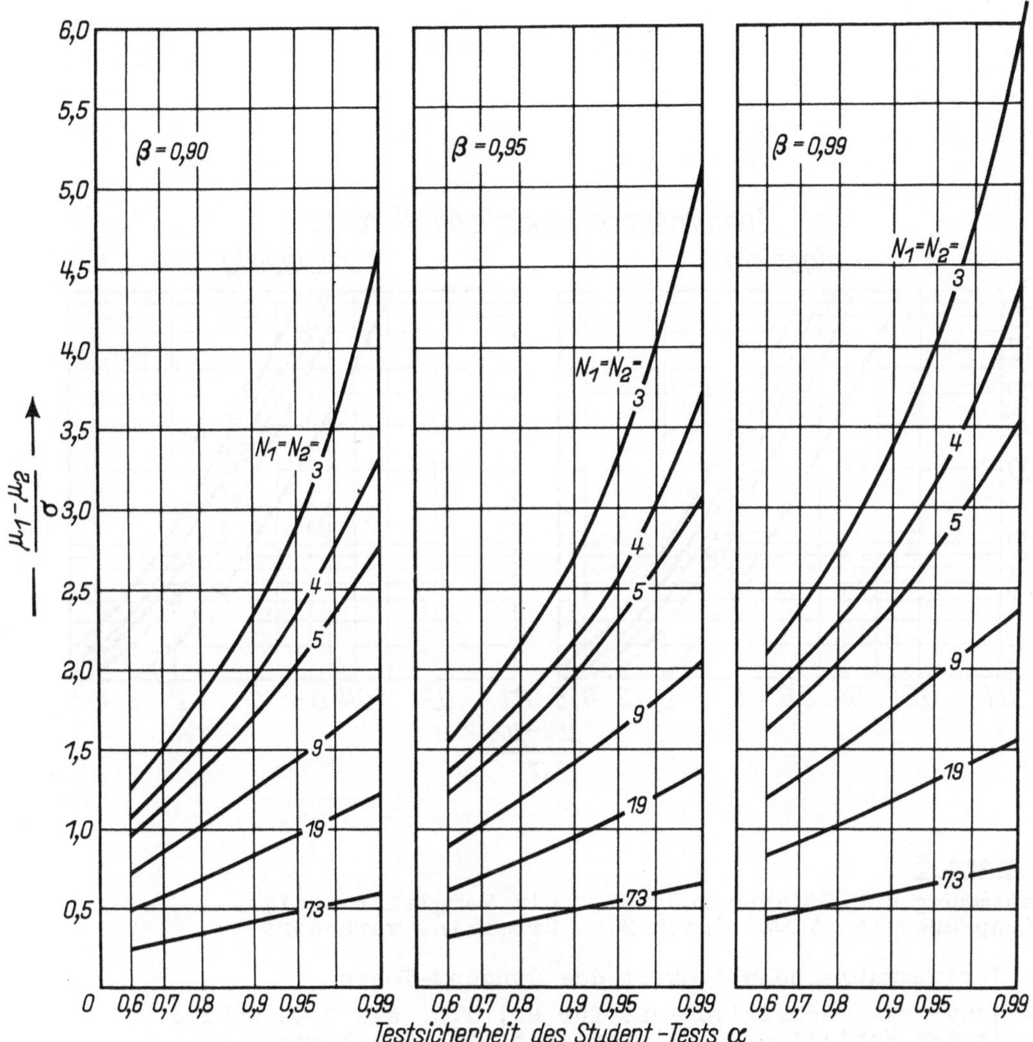

Diagramm 4: Trennschärfe des Student-Tests im Falle zweier Stichproben

Bei einer gewählten Sicherheit α des Student-schen t-Tests wird in ß · 100 % aller Fälle ein Unterschied zwischen beiden Stichproben mit den Mittelwerten μ_1 und μ_2 und der Standardabweichung σ, der sich durch $\frac{\mu_1-\mu_2}{\sigma}$ ausdrücken läßt, als signifikant erkannt. Die Stichprobengrößen sind $N_1 = N_2$.

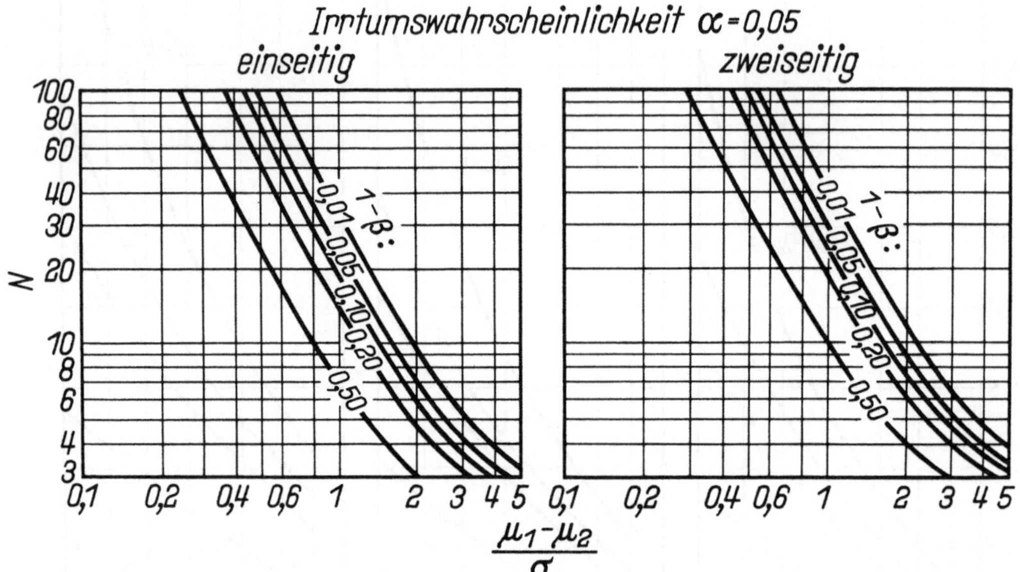

Diagramm 5

Bestimmung der Stichprobengröße beim Vergleich zweier Stichproben ($N_1=N_2=N$) (nach M.C. Croarkin, verändert)

α = Irrtumswahrscheinlichkeit des Student-Tests

ß = Annahmewahrscheinlichkeit für H_1, d.h. ein Unterschied in den Variationskoeffizienten beider Stichproben von $\frac{\mu_1-\mu_2}{\sigma}$ wird mit der Wahrscheinlichkeit ß als signifikant erkannt.

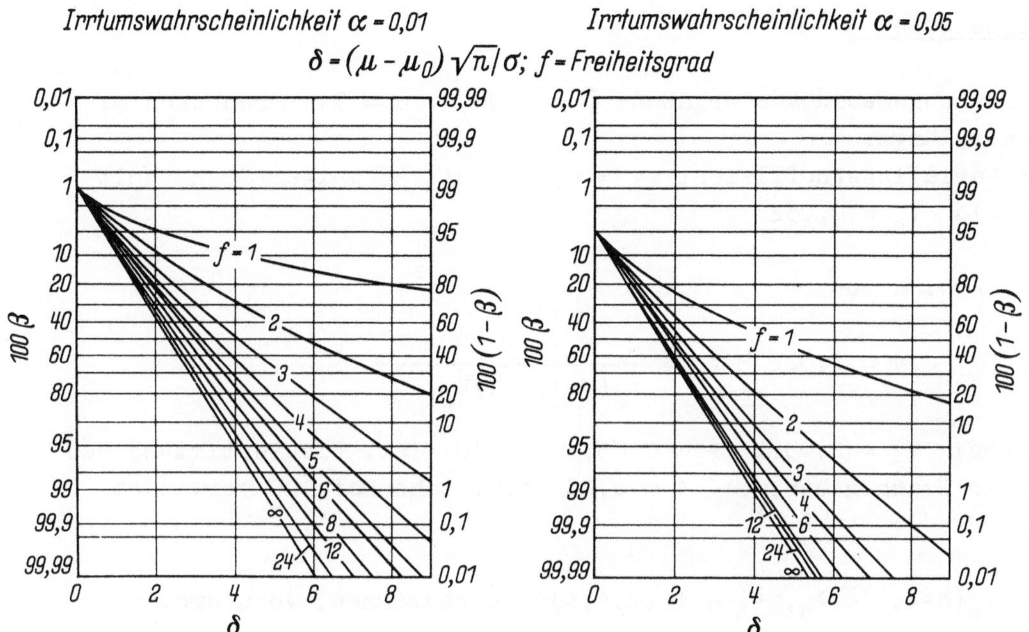

Diagramm 6

Operationscharakteristik des Student-Tests.

α = Irrtumswahrscheinlichkeit des t-Tests

ß = Annahmewahrscheinlichkeit der Einshypothese

(nach Owen, verändert)

L ö s u n g e n

Aufgabenbeispiel 1

1) Die Drehungsmessungen ergaben $\bar{x} = 1105$, $s = 31$ Drehungen pro 50 cm Fadenlänge.
Ist der Variationskoeffizient $v = 0{,}028$ mit 95 %-iger Sicherheit kleiner als $V_o = 0{,}032$?

Gemäß IV.4.1. a muß

$$v = 0{,}028 > v_o = \frac{\sqrt{N}}{t_o(N-1,\ \sqrt{N}/V_o,\ \epsilon)} \quad ,$$

sein, wobei $V_o = 0{,}032$, $\epsilon = 0{,}05$, $N = 10$ ist. Die Bestimmung von t_o ist in X angegeben, da $\epsilon = 0{,}05$ ist, kann Tafel 9 verwendet werden.

Es ist $t_o(N-1,\ \sqrt{N}/V_o,\ \epsilon) = t_o(f,\delta,\epsilon)$ zu bestimmen, wozu erst

$$\eta' = \frac{\delta}{\sqrt{2f}} \cdot \frac{1}{\sqrt{1+\delta^2/2f}} =$$

$$= \frac{\sqrt{10}}{\sqrt{18}\cdot 0{,}032} \cdot \frac{1}{\sqrt{1+10/(0{,}032^2\cdot 18)}} = 0{,}999 \quad ,$$

bestimmt wird, worauf man aus Tafel 9 $\lambda = 1{,}664$ abliest und

$$t_o = t_o(f,\delta,\epsilon) = \frac{\delta+\lambda\cdot\sqrt{1+\frac{\delta^2}{2f}-\frac{\lambda^2}{2f}}}{\left(1-\frac{\lambda^2}{2f}\right)} =$$

$$= \frac{\sqrt{10}/0{,}032 + 1{,}664\sqrt{1+\frac{10}{(0{,}032)^2\cdot 18} - \frac{1{,}664^2}{18}}}{1 - \frac{1{,}664^2}{18}} \approx 260$$

erhält. Damit wird $v_o = \sqrt{N}/t_o = 0{,}012$. Also ist v kleiner als $V_o = 0{,}032$ mit 95 %-iger Aussagesicherheit.

2) Die Messungen hatten als Mittelwert aus den 10 Proben $\bar{x} = 1105$ Drehungen pro 50 cm Fadenlänge und als Standardabweichung $s = 31$ Drehungen pro 50 cm Fadenlänge ergeben. Es wird ein Variationskoeffizient V_{ob} gesucht, so daß $W(V > V_{ob}) = 0{,}05$ oder, was dasselbe bedeutet, $W(V < V_{ob}) = 0{,}95$.

Nach Gleichung (IV.19) wird V_{ob} gegeben durch

$$V_{ob} = \frac{\sqrt{N}}{\delta(N-1,\ \sqrt{N}/V,\ 1-\epsilon)} \quad ,$$

wobei $\epsilon = 0{,}05$ bzw. $1-\epsilon = 0{,}95$ ist.

Die Bestimmung von $\delta(N-1,\ \sqrt{N}/v,\ 1-\epsilon) = \delta(f,t_o,\gamma)$, um in der auf die Tafeln der nichtzentralen t-Verteilung zugeschnittene Nomenklatur von X. zu bleiben, ist nun leicht durchzuführen:
Es gilt nach (X.1)

$$\delta(f,t_o,\gamma) = t_o - \lambda(f,t_o,\gamma)\cdot\sqrt{1 - t_o^2/2f}$$

Es ist

$$t_o/\sqrt{2f} = \frac{\sqrt{N}}{v\cdot\sqrt{2(N-1)}} = \frac{\sqrt{10}}{0{,}028\cdot\sqrt{18}} \approx 26{,}6$$

und

$$0{,}75 \le t_o/\sqrt{2f} \approx 26{,}6 < \infty \quad .$$

Damit ist in der Tafel 7 λ gegen

$$y = 1/\sqrt{1 + t_o^2/2f} = 0{,}22$$

aufgetragen, woraus man einen λ-Wert von $\lambda = 1,5734$ erhält. Damit ist

$$V_{ob} = \sqrt{10}/\delta(N-1;\ \sqrt{N}/v;\ 0,95) =$$

$$= \sqrt{10}/(\sqrt{10}/0,028 - 1,5734 \cdot \sqrt{1 + \frac{10}{0,028 \cdot 10}}) = 0,030 \quad .$$

Es ist also höchstens mit 5%-iger Wahrscheinlichkeit zu erwarten, daß der Variationskoeffizient der Gesamtmenge des vorgelegten Garnes einen Variationskoeffizienten bei Drehmessungen von mehr als 3,0 % aufweist.

Aufgabenbeispiel 2

Man errechnet sich Mittelwert und Standardabweichung zu $\bar{x} = 6,81$ [kV] und $s = 0,34$ [kV] .

Es ist weder μ noch σ der Grundgesamtheit bekannt, also ein Anwendungsfall für die nichtzentrale t-Verteilung. Es soll die Spannung U_o bestimmt werden, bei der höchstens in 1% aller möglichen Fälle ein Durchschlag erfolgt. Es ist also eine Schranke $\bar{x} + ks$ gesucht, so daß die Wahrscheinlichkeit, daß die Durchschlagsspannungen x , die kleiner als U_o sind, höchstens 1% aller Durchschlagsspannungen ausmachen, daß also

$$W(X \leq U_o = \bar{x} + ks) \leq p = 0,01$$

gilt.

Da $\bar{x}$ und s zufällige Ergebnisse sind, die von der Stichprobe abhängen, kann eine solche Schranke wieder nur mit einer Aussagesicherheit α gefunden werden. Es sei $\alpha = 0,9$. Aus (V.15) und der darauffolgenden Tabelle ist

$$k = - t_o(N-1,\ \sqrt{N}\ K_p,\ \alpha)/\sqrt{N} =$$

$$= - t_o(18,\ \sqrt{19} \cdot (-2,3),\ 0,9)/\sqrt{19} \quad .$$

Wir können nach den Angaben von X.2 t_o iterativ berechnen. In der Bezeichnungsweise von (X.8) ist $f = 18$, $\delta = -\sqrt{19} \cdot 2,3 = -10,01$ und $\gamma = 0,9$, so daß aus (X.9) wird:

$$t_1 = \frac{-10{,}01 + 1{,}2\sqrt{1 + \frac{10{,}01^2}{36} + \frac{1{,}2^2}{36}}}{(1 - \frac{1{,}2^2}{36})} = -\,7{,}35 \quad .$$

Hierzu soll nun der entsprechende λ-Wert berechnet werden.

Nun bildet man $t_1/\sqrt{2f} \approx -1{,}22$, was kleiner als -0,75 nach (X.3) ist, so daß man nach (X.4)

$$y = \frac{1}{\sqrt{1 + \frac{7{,}35^2}{36}}} = 0{,}632 \quad ,$$

woraus man in Tafel 8 $\lambda_1 \approx 1{,}218$ abliest, was in (X.10) eingesetzt wird und

$$t_2 = \frac{-10{,}01 + 1{,}218\sqrt{1 + \frac{10{,}01^2}{36} + \frac{1{,}2^2}{36}}}{(1 - \frac{1{,}2^2}{36})} = -\,7{,}30 \quad .$$

Ein weiterer Iterationsschritt zeigt, daß $\lambda_2 = \lambda_1$ innerhalb der sinnvollen Genauigkeit von 2 Stellen hinter dem Komma, der Wert $t = -\,7{,}30$ als richtig angesehen werden kann.
Es ist also

$$k = -\frac{7{,}30}{\sqrt{19}} = -\,1{,}67 \quad .$$

Das gesuchte U_o ist $U_o = \bar{x} - 1{,}67 \cdot s = 1{,}12$ [kV] .

Aufgabenbeispiel 3

Man hat gemäß Bild 8a als Langzeitniveau eine Normalverteilung mit Mittelwert $\hat{\mu}$ und Standardabweichung $\hat{\sigma}$ von $\hat{\mu} = 12{,}46$ und $\hat{\sigma} = 1{,}08$. Das Niveau der $n = 40$ Werte liefert dieselben Parameterwerte $\bar{x} = \hat{\mu}$, $s = \hat{\sigma}$. Gemäß der Aufgabenstellung soll der Ausschußprozentsatz $p_{0,1}$ bzw. $p_{0,9}$ so bestimmt werden, daß

$$W\{W(X \leq \bar{x} + k^* s = x_{min}) \leq p_{0,1}\} = 0,1$$

bzw.

$$W\{W(X \leq \bar{x} + k^* s = x_{min}) \leq p_{0,9}\} = 0,9$$

gilt.
Dies kann mit Hilfe der Formeln aus der Zusammenfassung von VI. ausgewertet werden. Dabei ist

$$t_o = \frac{x^* - \bar{x}}{s} \sqrt{n} = \frac{x_{min} - \hat{\mu}}{\hat{\sigma}} \sqrt{40} = -14,4$$

$$K_{p_{0,1}} = \frac{\delta(f, -t_o, \alpha)}{\sqrt{n}} = \frac{\delta(39, 14,4, 0,1)}{\sqrt{40}} =$$

$$= \frac{1}{\sqrt{40}} \left(-14,4 + 1,28 \cdot \sqrt{1 + \frac{14,4^2}{78}}\right) = -1,88$$

Hierbei wurde die Approximationsformel (XI.19) verwendet.
$K_{p_{0,1}} = -1,88$ bedeutet $p_{0,1} = 0,03$. Das bedeutet, daß mit einer Wahrscheinlichkeit von 0,1 ein Ausschuß von bis zu 3 % auftreten kann. Entsprechend erhält man, daß mit Wahrscheinlichkeit 0,9, ein Ausschuß von bis zu 1/2 % auftreten kann. Höhere Ausschußprozentsätze sind also seltener, was daran liegt, daß $\bar{x}$ eben weit größer ist als der geforderte Minimalwert x_{min} .

Hätte man denselben Schluß aufgrund aller N = 251 Werte gezogen, so würden sich nach analoger Rechnung ergeben, daß bis 1,8 % Ausschuß mit Wahrscheinlichkeit 0,1 und bis zu 0,8 % Ausschuß mit Wahrscheinlichkeit 0,9 in der Grundgesamtheit zu erwarten ist, woraus die x_i i=1,..., 251 eine Stichprobe darstellen.

<u>Aufgabenbeispiel 4</u>

Es wird verlangt, daß $p_\alpha = 0,01$ für $\alpha = 0,9$ und $p_\beta = 0,03$ für $\beta = 0,1$ ist, daß also 1 % bzw. 3 % Ausschuß noch mit einer Wahrscheinlichkeit von 0,9 bzw. 0,1 angenommen werden.

Aus Formel (VII. 16) erhält man

$$N = \frac{8K_\alpha^2 + (K_{p_\alpha} + K_{p_\beta})^2}{2(K_{p_\beta} - K_{p_\alpha})^2} =$$

$$= \frac{8 \cdot 1,282^2 + (-2,326 - 1,881)^2}{2(-1,881 + 2,326)^2} \approx 107 \quad .$$

Nach (VII. 15) kann k bestimmt werden.

$$k \approx \frac{K_{p_\alpha} + K_{p_\beta}}{2} = \frac{-2,326 - 1,881}{2} \approx 2,1 \quad .$$

Der Stichprobenplan mit der Operationscharakteristik von <u>Bild 10</u> verlangt also eine Stichprobenzahl von $N = 107$. Soll eine obere Grenze O nicht überschritten bzw. eine untere Grenze U nicht unterschritten werden, so wird eine Lieferung als gut angesehen, wenn

$$\frac{O - \bar{x}}{s} < 2,1 \quad \text{bzw.} \quad \frac{\bar{x} - U}{s} < 2,1$$

bei der Stichprobe erhalten wird.

Bezüglich der Genauigkeit kann man Sicherungen einbauen. Man kann rückwärts aus N und k den 10 %-Punkt bzw. den 90 %-Punkt mit Hilfe der exakten nichtzentralen t-Verteilung errechnen und mit den vorgegebenen Werten vergleichen. Notfalls können k und N noch etwas korrigiert werden. Rundungsfehler in den p_α, p_β, K_{p_α}, K_{p_β} wirken sich am meisten bei der Berechnung von N aus.

<u>Aufgabenbeispiel 5</u>

Es wurden 12 Bäume untersucht. Für jeden Baum i wurde die Anzahl x_i der Äpfel und der Prozentsatz y_i an wurmigen Früchten notiert, wie in der Regressionstabelle 1 vermerkt. Da die Anzahlen x_i nur auf Hunderter genau angegeben wurden, setzt man vorteilhafterweise

$x_i' = x_i/100$, so daß z.B. der Wert $x_4' = 22$ bedeutet, daß $x_4 = 22 \cdot 100 = 2200$ Äpfel auf dem Baum Nr. 4 hingen, wobei $y_4 = 53$ % von Würmern befallen waren.

Wir wollen einen linearen Regressionsansatz verwenden, und da nur eine Einflußgröße X (= Anzahl der Äpfel) vorhanden ist, sieht der Ansatz so aus:

$$Y = b_o + b_1 X \quad .$$

Dabei ist Y die Zielgröße (Prozentsatz der wurmstichigen Äpfel). Die Konstanten b_o , b_1 müssen bestimmt werden. Formeln (VIII.4) bzw. (VIII.6) reduzieren sich damit auf

$$\mathfrak{Q} = Q_{11} = \sum_{i=1}^{12} (x_i' - \bar{x}')^2$$

bzw.

$$\mathfrak{q} = q_1 = \sum_{i=1}^{12} (y_i - \bar{y})(x_i' - \bar{x}') \quad .$$

Beide Werte kann man aus der Regressionstabelle 1 ablesen, wobei der Kürze halber $(x_i' - \bar{x}') = \Delta x_i'$ und $(y_i - \bar{y}) = \Delta y_i$ gesetzt wurde. Damit erhält man b_1 aus (VIII.8) in der Form

$$\hat{\mathfrak{b}} = \mathfrak{Q}^{-1} \cdot \mathfrak{q} = \frac{1}{Q_{11}} \cdot q_1 = \frac{-936}{924} = -\,1{,}013 = \hat{b}_1 \quad .$$

Auch b_o erhält man sehr einfach aus (VIII.9):

$$\hat{b}_o = \bar{y} - \hat{b}_1\bar{x} = 45 + 1{,}013 \cdot 19 = 64{,}25 \quad .$$

Regressionstabelle 1

i	x_i'	y_i	$\Delta x_i'$	Δy_i	$(\Delta x_i')^2$	$\Delta x_i' \cdot \Delta y_i$	$\hat{y}_i$	$y_i - \hat{y}_i$	$(y_i - \hat{y}_i)^2$
1	8	59	-11	14	121	-154	56,14	2,86	8,18
2	6	58	-13	13	169	-169	58,17	-0,17	0,03
3	11	56	- 8	11	64	- 88	53,10	2,90	8,41
4	22	53	3	8	9	24	41,96	11,04	121,88
5	14	50	- 5	5	25	- 25	50,06	-0,06	0,00
6	17	45	- 2	0	4	0	47,03	-2,03	4,12
7	18	43	- 1	- 2	1	2	46,01	-3,01	9,06
8	24	42	5	- 3	25	- 15	39,94	2,06	4,24
9	19	39	0	- 6	0	0	45,00	-6,00	36,00
10	23	38	4	- 7	16	- 28	40,95	-2,95	8,70
11	26	30	7	-15	49	-105	37,91	-7,91	62,57
12	40	27	21	-18	441	-378	23,71	3,27	10,69
Summe	228	540			924	-936			273,88
Durchschnitt	19	45							

Die berechnete Regressionsgleichung lautet damit

$$\hat{y} = \hat{b}_o + \hat{b}_1 x' = 64{,}25 - 1{,}013 \cdot x' = 64{,}25 - 0{,}01013 \cdot x$$

was bedeutet, daß der Prozentsatz an wurmigen Äpfeln im Durchschnitt geringer wird, wenn der Baum mehr Früchte trägt.

Nun soll aber in Abhängigkeit von der Anzahl x der Früchte eines Baumes ein Wert für den Prozentsatz an wurmigen Äpfeln angegeben werden, der mit mindestens 70 %-iger Sicherheit nicht überschritten wird. Dieser Wert heiße y_{max}. Es ist also gefordert

$$W\{W(Y < y_{max}) > 0{,}70\} = \gamma$$

γ muß hier eingeführt werden, da $y_{max} = \hat{y} + k\, s_R$ von der zufälligen Auswahl der Stichprobe der 12 untersuchten Bäume abhängt. γ soll also möglichst groß sein, sagen wir $\gamma = 0{,}95$. Nach (VIII.17) und (VIII.19) ist y_{max} zu bestimmen; es ist

$$k = t_o(f,\delta,\gamma) \cdot \sqrt{A} \quad \text{mit} \quad f = N - p - 1 = 12 - 2 = 10$$

$$\delta = K_{0,70}/\sqrt{A} = 0{,}53/\sqrt{A}$$

A ist nach (VIII.11) zu berechnen und reduziert sich auf

$$A = \frac{1}{N} + \frac{x' - \overline{x}'}{Q_{11}} = \frac{1}{12} + \frac{x' - 19}{924}$$

Es ist noch s_R zu berechnen (vgl. Formel (VIII.2))

$$s_R = \sqrt{\frac{1}{12-1-1} \cdot \sum_{i=1}^{12} (y_i - \hat{y}_i)^2} = \sqrt{273{,}88 : 10} = 5{,}23$$

Nun muß für jeden vorgegebenen x-Wert der zugehörige y_{max}-Wert bestimmt werden. Dies geschieht in der folgenden Regressionstabelle 2.

x'	$\sqrt{A}$	δ	t_o	k	$k \cdot s_R$	$\hat{y}+k \cdot s_R$
0	0,251	2,11	3,87	0,972	5,10	69,35
20	0,248	2,14	3,90	0,966	5,08	47,13
40	0,326	1,625	3,30	1,076	5,62	29,37
60	0,357	1,485	3,15	1,125	5,88	9,13

Regressionstabelle 2

Das folgende Bild zeigt die Zusammenhänge. Dort ist auch die 70 %-Linie angegeben, auf der die y_{max}-Werte der entsprechenden x-Werte liegen.

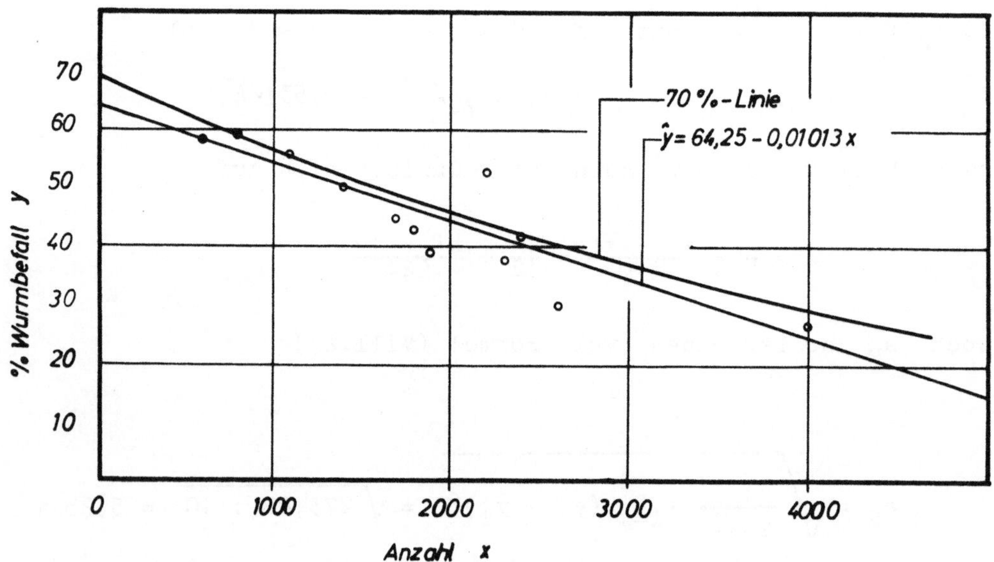

Zusammenhang zwischen der Anzahl Äpfel eines Baumes und dem Prozentsatz der befallenen Früchte

Literaturverzeichnis

ALTMAN, Irving B., 1957. The new MIL-STD-414 sampling inspection by variables. Industr. Qual. Contr. 14, 23-26.

AMOS, D.E., 1964. Representations of the central and non-central t-distributions. Biometrika 51, 451-458.

CRAIG, Cecil C., 1941. Note on the distribution of noncentral t with an application. Ann. Math. Statist. 12, 224-228.

CROARKIN, Mary C., 1962. Graphs for determining the power of Student's t-test. J. Res. Nat. Bur. Stand. 66B, 59-70, Table errata MTAC 17, 83 (334).

FISHER, R.A., 1931. The sampling error of estimated deviates, together with other illustrations of the properties and applications of the integrals and derivatives of the normal error function. Math. Tables, Vol. I, 26-35, British Association for the Advancement of Science.

FISZ, Marek, 1966. Wahrscheinlichkeitsrechnung und Mathematische Statistik. VEB Deutscher Verlag der Wissenschaften, Berlin.

FOLKS, J.L., PIERCE, D.A., and STEWART, C., 1965. Estimating the fraction of acceptable product. Technometrics 7, 43-50.

GARDINER, D.A. and BOMBAY, Barbara F., 1965. An approximation to Student's t. Technometrics 7, 71-72.

GARDINER, D.A. and HULL, Norma C., 1966. An approximation to two-sided tolerance limits for normal populations. Technometrics 8, 115-122.

GRAF, U. und HENNING, H.J., 1952. Statistische Methoden bei textilen Untersuchungen. Springer-Verlag, Berlin-Göttingen-Heidelberg.

GUTTMAN, Irwin, 1957. On the power of optimum tolerance regions when sampling from normal distributions. Ann. Math. Statist. 28, 773-778.

HALD, A., 1952. Statistical Theory with Engineering Applications. John Wiley, New York.

HALPERIN, Max, 1963. Approximations to the non-central t, with applications. Technometrics 5, 295-305, Errata 6, 482.

HENGST, Martin, 1967. Einführung in die Mathematische Statistik und ihre Anwendung. Bibliographisches Institut, Mannheim. Hochschultaschenbücher Band 42/42 a.

HOGBEN, D., PINKHAM, R.S., and WILK, M.B., 1961. The moments of the noncentral t-distribution. Biometrika 48, 465-468.

HOGBEN, D., PINKHAM, R.S., and WILK, M.B., 1964. An approximation to the distribution of Q (a variate related to the non-central t). Ann. Math. Statist. 35, 315-318.

HOGBEN, D., PINKHAM, R.S., and WILK, M.B., 1964. Moments of a variate related to non-central t. Ann. Math. Statist. 35, 298-314.

JENNETT, W.J. and WELCH, B.L., 1939. The control of proportion defective as judged by a single quality characteristic varying on a continuous scale. J. Roy. Statist. Soc-Suppl. 6, 80-88.

JOHNSON, N.L. and WELCH, B.L., 1940. Applications of the non-central t-distribution. Biometrika 31, 362-389.

KENDALL-STUART, 1963, 1967, 1966. The advanced theory of statistics. Band 1 bis 3. Charles Griffin & Company Ltd., London.

KRAMER, C.Y., 1966. Approximation to the cumulative t-distribution. Technometrics 8, 358-359.

KRICKEBERG, Klaus, 1963. Wahrscheinlichkeitstheorie. Teubner-Verlag.

LINDER, Arthur, 1960. Statistische Methoden für Naturwissenschaften, Mediziner und Ingenieure. Birkhäuser-Verlag-Basel.

MERRINGTON, M. and PEARSON, E.S., 1958. An approximation to the distribution of non-central t. Biometrika 45, 484-491.

MOOD, Alexander M., 1950. Introduction to the Theory of Statistics. McGraw-Hill, New York.

NEYMAN, J. and TOKARSKA, B., 1936. Errors of the second kind in testing Student's hypothesis. J. Amer. Statist. Assoc 31, 318-326.

Office of the Assistant Secretary of Defense (Supply and Logistics), 1958. Mathematical and statistical principles underlying MIL-STD-414.

OWEN, Donald B., [1], 1962. Handbook of Statistical Tables. Addison-Wesley, Massachusetts. Errata MTAC 18, 87 (355) and MR 28, 4608.

OWEN, Donald B., [2], 1963-1964. Factors for one-sided tolerance limits and for variables sampling plans. Monograph No. SCR-607, Sandia Corporation, Albuquerque; erhältlich bei Office of Technical Services, Department of Commerce, Washington, D.C.

OWEN, Donald B., [3], 1958. Tables of factors for one-sided tolerance limits for a normal distribution. Monograph No. SCR-13, Sandia Corporation, Albuquerque; available from Office of Technical Services, Department of Commerce, Washington.

OWEN, Donald B., [4], 1968. A Survey of properties and applications of the noncentral t-distribution. Technometrics Vol 10 (445).

PFANZAGL, J., 1966. Allgemeine Methodenlehre der Statistik I und II. Göschen.

RESNIKOFF, G.J. and LIEBERMANN, G.J., [1], 1957. Tables of the Non-central t-Distribution. Standford University Press, Stanford.

RESNIKOFF, G.J. [2], 1962. Tables to facilitate the computation of percentage points of the noncentral t-distribution. Ann. Math. Statist. 33, 580-586.

SCHEUER, Ernest M. and SPURGEON, Robert A., 1963. Some percentage points of the noncentral t-distribution. J. Amer. Statist. Assoc. 58, 176-182.

SNEDECOR, G.W., 1946. Statistical Methods. The Iowa State College Press.

VAN EEDEN, Constance, 1961. Some approximations to the percentage points of the noncentral t-distribution. Rev. Int. Statist. Inst. 29, 4-31.

WALD, A. and WOLFOWITZ, J., 1946. Tolerance limits for a normal distribution. Ann. Math. Statist. 17, 208-215.

WALLIS, W. Allen, 1951. Tolerance intervals for linear regressions. Second Berkeley Symposium on Mathematical Statistics and Probability (edited by J. Neyman). University of California Press, Berkeley. 43-51.

Erläuterung:

MTAC: Mathematical Tables and other Aids to Computation, published by the National Academy of Sciences - National Research Council, Baltimore, Md., Vol 1 (1947) to Vol 13 (1959) or Mathematics of Computation, published by the American Mathematical Society, Providence, R. I., Vol 14 (1960) to Vol 21 (1967).

Nachtrag:

UHLMANN, W., 1966. Statistische Qualitätskontrolle. Teubner

Offsetdruck: Julius Beltz, Weinheim/Bergstr.

Lecture Notes in Operations Research and Mathematical Systems

Vol. 1: H. Bühlmann, H. Loeffel, E. Nievergelt, Einführung in die Theorie und Praxis der Entscheidung bei Unsicherheit. 2. Auflage, IV, 125 Seiten 4°. 1969. DM 12,– / US $ 3.30

Vol. 2: U. N. Bhat, A Study of the Queueing Systems M/G/1 and GI/M/1. VIII, 78 pages. 4°. 1968. DM 8,80 / US $ 2.50

Vol. 3: A. Strauss, An Introduction to Optimal Control Theory. VI, 153 pages. 4°. 1968. DM 14,– / US $ 3.90

Vol. 4: Einführung in die Methode Branch and Bound. Herausgegeben von F. Weinberg. VIII, 159 Seiten. 4°. 1968. DM 14,– / US $ 3.90

Vol. 5: L. Hyvärinen, Information Theory for Systems Engineers. VIII, 205 pages. 4°. 1968. DM 15,20 / US $ 4.20

Vol. 6: H. P. Künzi, O. Müller, E. Nievergelt, Einführungskursus in die dynamische Programmierung. IV, 103 Seiten. 4°. 1968. DM 9,– / US $ 2.50

Vol. 7: W. Popp, Einführung in die Theorie der Lagerhaltung. VI, 173 Seiten. 4°. 1968. DM 14,80 / US $ 4.10

Vol. 8: J. Teghem, J. Loris-Teghem, J. P. Lambotte, Modèles d'Attente M/G/1 et GI/M/1 à Arrivées et Services en Groupes. IV, 53 pages. 4°. 1969. DM 6,– / US $ 1.70

Vol. 9: E. Schultze, Einführung in die mathematischen Grundlagen der Informationstheorie. VI, 116 Seiten. 4°. 1969. DM 10,– / US $ 2.80

Vol. 10: D. Hochstädter, Stochastische Lagerhaltungsmodelle. VI, 269 Seiten. 4°. 1969. DM 18,– / US $ 5.00

Vol. 11/12: Mathematical Systems Theory and Economics. Edited by H. W. Kuhn and G. P. Szegö. VIII, IV, 486 pages. 4°. 1969. DM 34,– / US $ 9.40

Vol. 13: Heuristische Planungsmethoden. Herausgegeben von F. Weinberg und C. A. Zehnder. II, 93 Seiten. 4°. 1969. DM 8,– / US $ 2.20

Vol. 14: Computing Methods in Optimization Problems. Edited by A. V. Balakrishnan. V, 191 pages. 4°. 1969. DM 14,– / US $ 3.90

Vol. 15: Economic Models, Estimation and Risk Programming: Essays in Honor of Gerhard Tintner. Edited by K. A. Fox, G. V. L. Narasimham and J. K. Sengupta. VIII, 461 pages. 4°. 1969. DM 24,– / US $ 6.60

Vol. 16: H. P. Künzi und W. Oettli, Nichtlineare Optimierung: Neuere Verfahren, Bibliographie. IV, 180 Seiten. 4°. 1969. DM 12,– / US $ 3.30

Vol. 17: H. Bauer und K. Neumann, Berechnung optimaler Steuerungen, Maximumprinzip und dynamische Optimierung. VIII, 188 Seiten. 4°. 1969. DM 14,– / US $ 3.90

Vol. 18: M. Wolff, Optimale Instandhaltungspolitiken in einfachen Systemen. V, 143 Seiten. 4°. 1970. DM 12,– / US $ 3.30

Vol. 19: L. Hyvärinen, Mathematical Modeling for Industrial Processes. VI, 122 pages. 4°. 1970. DM 10,– / US $ 2.80

Vol. 20: G. Uebe, Optimale Fahrpläne. IX, 161 Seiten. 4°. 1970. DM 12,– / US $ 3.30

Vol. 21: Th. Liebling, Graphentheorie in Planungs- und Tourenproblemen am Beispiel des städtischen Straßendienstes. IX, 118 Seiten. 4°. 1970. DM 12,– / US $ 3.30

Vol. 22: W. Eichhorn, Theorie der homogenen Produktionsfunktion. VIII, 119 Seiten. 4°. 1970. DM 12,– / US $ 3.30

Vol. 23: A. Ghosal, Some Aspects of Queueing and Storage Systems. IV, 93 pages. 4°. 1970. DM 10,– / US $ 2.80

Bitte wenden/Continued

Vol. 24: Feichtinger, Lernprozesse in stochastischen Automaten.
V, 66 Seiten. 4°. 1970. DM 6,– / $ 1.70

Vol. 25: R. Henn und O. Opitz, Konsum- und Produktionstheorie I.
II, 124 Seiten. 4°. 1970. DM 10,– / $ 2.80

Vol. 26: D. Hochstädter und G. Uebe, Ökonometrische Methoden.
XII, 250 Seiten. 4°. 1970. DM 18,– / $ 5.00

Vol. 27: I. H. Mufti, Computational Methods in Optimal Control Problems.
IV, 45 pages. 4°. 1970. DM 6,– / $ 1.70

Vol. 28: Theoretical Approaches to Non-Numerical Problem Solving. Edited by R. B. Banerji and M. D. Mesarovic. VI, 466 pages. 4°. 1970. DM 24,– / $ 6.60

Vol. 29: S. E. Elmaghraby, Some Network Models in Management Science.
III, 177 pages. 4°. 1970. DM 16,– / $ 4.40

Vol. 30: H. Noltemeier, Sensitivitätsanalyse bei diskreten linearen Optimierungsproblemen.
VI, 102 Seiten. 4°. 1970. DM 10,– / $ 2.90

Vol. 31: M. Kühlmeyer, Die nichtzentrale t-Verteilung.
II, 106 Seiten. 4°. 1970. DM 10,– / $ 2.90

Beschaffenheit der Manuskripte

Die Manuskripte werden photomechanisch vervielfältigt; sie müssen daher in sauberer Schreibmaschinenschrift geschrieben sein. Handschriftliche Formeln bitte nur mit schwarzer Tusche eintragen. Notwendige Korrekturen sind bei dem bereits geschriebenen Text entweder durch Überkleben des alten Textes vorzunehmen oder aber müssen die zu korrigierenden Stellen mit weißem Korrekturlack abgedeckt werden. Falls das Manuskript oder Teile desselben neu geschrieben werden müssen, ist der Verlag bereit, dem Autor bei Erscheinen seines Bandes einen angemessenen Betrag zu zahlen. Die Autoren erhalten 75 Freiexemplare.

Zur Erreichung eines möglichst optimalen Reproduktionsergebnisses ist es erwünscht, daß bei der vorgesehenen Verkleinerung der Manuskripte der Text auf einer Seite in der Breite möglichst 18 cm und in der Höhe 26,5 cm nicht überschreitet. Entsprechende Satzspiegelvordrucke werden vom Verlag gern auf Anforderung zur Verfügung gestellt.

Manuskripte, in englischer, deutscher oder französischer Sprache abgefaßt, nimmt Prof. Dr. M. Beckmann, Department of Economics, Brown University, Providence, Rhode Island 02912/USA oder Prof. Dr. H. P. Künzi, Institut für Operations Research und elektronische Datenverarbeitung der Universität Zürich, Sumatrastraße 30, 8006 Zürich entgegen.

Cette série a pour but de donner des informations rapides, de niveau élevé, sur des développements récents en économétrie mathématique et en recherche opérationnelle, aussi bien dans la recherche que dans l'enseignement supérieur. On prévoit de publier

1. des versions préliminaires de travaux originaux et de monographies
2. des cours spéciaux portant sur un domaine nouveau ou sur des aspects nouveaux de domaines classiques
3. des rapports de séminaires
4. des conférences faites à des congrès ou à des colloquiums

En outre il est prévu de publier dans cette série, si la demande le justifie, des rapports de séminaires et des cours multicopiés ailleurs mais déjà épuisés.

Dans l'intérêt d'une diffusion rapide, les contributions auront souvent un caractère provisoire; le cas échéant, les démonstrations ne seront données que dans les grandes lignes. Les travaux présentés pourront également paraître ailleurs. Une réserve suffisante d'exemplaires sera toujours disponible. En permettant aux personnes intéressées d'être informées plus rapidement, les éditeurs Springer espèrent, par cette série de »prépublications«, rendre d'appréciables services aux instituts de mathématiques. Les annonces dans les revues spécialisées, les inscriptions aux catalogues et les copyrights rendront plus facile aux bibliothèques la tâche de réunir une documentation complète.

Présentation des manuscrits

Les manuscrits, étant reproduits par procédé photomécanique, doivent être soigneusement dactylographiés. Il est recommandé d'écrire à l'encre de Chine noire les formules non dactylographiées. Les corrections nécessaires doivent être effectuées soit par collage du nouveau texte sur l'ancien soit en recouvrant les endroits à corriger par du verni correcteur blanc.

S'il s'avère nécessaire d'écrire de nouveau le manuscrit, soit complètement, soit en partie, la maison d'édition se déclare prête à verser à l'auteur, lors de la parution du volume, le montant des frais correspondants. Les auteurs recoivent 75 exemplaires gratuits.

Pour obtenir une reproduction optimale il est désirable que le texte dactylographié sur une page ne dépasse pas 26,5 cm en hauteur et 18 cm en largeur. Sur demande la maison d'édition met à la disposition des auteurs du papier spécialement préparé.

Les manuscrits en anglais, allemand ou francais peuvent être adressés au Prof. Dr. M. Beckmann, Department of Economics, Brown University, Providence, Rhode Island 02912/USA ou au Prof. Dr. H.P. Künzi, Institut für Operations Research und elektronische Datenverarbeitung der Universität Zürich, Sumatrastraße 30, 8006 Zürich.